밥을 지어요

밥을 지어요

1판 1쇄 발행 2018. 2. 1.
1판 13쇄 발행 2024. 7. 26.

지은이 김혜경

발행인 박강휘
편집 김옥현 | **디자인** 윤석진
발행처 김영사
등록 1979년 5월 17일(제406-2003-036호)
주소 경기도 파주시 문발로 197(문발동) 우편번호 10881
전화 마케팅부 031)955-3100, 편집부 031)955-3200 | **팩스** 031)955-3111

값은 뒤표지에 있습니다.   ISBN 978-89-349-8059- 9 13590

홈페이지 www.gimmyoung.com   **블로그** blog.naver.com/gybook
인스타그램 instagram.com/gimmyoung **이메일** bestbook@gimmyoung.com

좋은 독자가 좋은 책을 만듭니다.
김영사는 독자 여러분의 의견에 항상 귀 기울이고 있습니다.

밥을 지어요

* 별도로 표기한 메뉴를 제외하면 요리 재료와 분량은 모두 4인분 기준입니다.

집밥의 의미

갓 대학을 졸업한 해에 남편을 처음 만났다. 돌연 "바다 보러 갑시다!"라고 말하며 자동차 핸들을 틀던 모습에 반해 만난 지 1년이 채 되지 않았는데 결혼을 해버렸다. 스물여섯. 부끄럽게도 내 손으로 밥 한 번 지어본 적 없는 철부지였다.

성남시의 한 주공아파트에 신혼살림을 차리자마자 덜컥 첫아이가 들어섰다. 그리고 첫아이를 낳자마자 거짓말처럼 둘째 아이가 들어섰다. 식구가 둘에서 셋으로, 넷으로 순식간에 불어났다. 남편을 만난 지 고작 3년이 지났을 뿐인데 말이다. 밥물도 맞출 줄 모르던 나는 어느덧 남편과 두 아이의 삼시 세끼를 꼬박꼬박 챙겨야 하는 막중한 책임을 떠안게 되었다.

딴에는 부지런히 장 봐서 밥상을 차렸는데 영 엉성하고 볼품이 없었다. 내세울 만한 변변한 반찬도 없었다. 두 아이가 번갈아가며 엉겨 붙었기 때문이다. 어질러진 밥상을 뒤로하고 앞뒤로 연년생 아이들을 안고 업은 채 남편에게 "집에 언제 들어오냐"며 서럽게 눈물을 흘렸던 어느 날의 장면이 스쳐간다.

부엌살림에 재미를 붙인 것은 두 아들을 유치원에 보내고 나서부터였다. 혼자만의 시간이 처음 생긴 그때, 친구와 함께 요리 수업을 듣기 시작한 것이다. 당시 나에게 상차림이란 배운 것을 진중하게 복습하는 과정이었지만, 우리 집 세 남자에게는 특별한 솜씨 없는 초보 요리사의 실험 대상이 된 것이나 다름없었으리라.

그렇게 20년이 흘렀다. 다행히 그동안 누구 하나 반찬 투정하는 이가 없었다. 주는 대로 먹는 식성, 아니 성품을 지닌 우리 집 남자들이 고맙고 또 고마운 이유다. 그래서인지 우리 집 밥상은 그리 훌륭하거나 특별할 것이 없다. 그저 시장에 있는 흔한 재료로 차려낸 소박한 밥상이다.

리얼리티 방송 덕에 남편이 '삼식이'라는 별명을 얻게 되면서 "남편을 집밥 애호가로 이끈 비결이 무엇이냐"고 물어오는 분들이 부쩍 늘었다. 그에 대한 관심과 궁금증이 커지면서 나도 집밥이 어떤 의미일까를 고민하다 문득 어느 날이 떠올랐다.

남편의 선거운동 때문에 전국 방방곡곡을 다니며 각자 바쁜 시간을 보내던 어느 날이었다. 남편의 수행 비서에게 전화가 걸려왔다. "오늘 저녁은 무슨 일이 있어도 집에서 식사를 하고 싶다고 하십니다." 적잖이 곤란하고 다급한 목소리였다.

나도 남편처럼 새벽부터 밖에 나가 선거운동 중이었는데 먹을거리가 준비되었을 리 만무했다. 몸도 마음도 힘들어 잔뜩 예민한 탓에 남편에게 전화를 걸어 "나도 똑같이 일하는데 나 힘든 건 생각 안 해?" 하고 쏘아붙였다. 그러자 남편이 "라면을 먹어도 집에서 당신이랑 먹고 싶어"라고 대답하는 것이 아닌가.

남편이 생각하는 집밥은 고급 식재료로 만든 근사한 상차림이 아니다. 그것은 일상의 긴장과 스트레스를 다 미뤄둔 채 아무 말 대잔치나 늘어놓으며 함께 눈을 맞추고 마음을 나누는 그 시간과 공기까지 포괄하는 것일 테다. 우리 삼식이가 집밥을 찾는다는 것은 "여보, 나 힘들어! 당신이 필요해"라는 신호인 셈이다.

공직에 몸담은 이래, 남편은 자기 말대로 100만 시민을 주인으로 섬기느라 눈코 뜰 새 없이 바쁘게 지낸다. 아들 둘은 대학교를 서울로 가면서 자취하게 되었고, 이후 진주와 벽제로 각기 입대를 하고, 이제는 해외로 교환학생을 가면서 물리적으로나 정서적으로나 한 걸음씩 멀어지고 있다. 이전보다 밥상이 간소해져야 마땅한 것을 알면서도 네 식구의 밥을 짓던 습관이 아직 몸에 배어 좀처럼 손이 작아지질 않는다. 밖에 있는 아이들을 무의식적으로 포함시킨 것도 몰라주고 "둘이 먹는데 간단히 좀 차리라"며 핀잔하는 남편에게 때론 야속한 마음이 들곤 한다.

　　예전처럼 네 식구 모두 식탁에 모여 앉아 밥 한 끼 나누기도 힘든 요즘이지만, 그래도 식구들을 위해 밥을 지을 때면 즐거운 마음이 앞선다. 30여 년간 이어온 우리 집 밥상의 추억을 되짚어보면서 남편과 아이들을 위해 김이 모락모락 나는 밥을 주걱으로 크게 풀 때 느꼈던 그 따스함과 사랑을 많은 이들과 나누고 싶다. 요리에는 그 집만의 사연이 담겨 있다. 똑같은 메뉴도 집집마다 맛이 다르듯 저마다의 이야기가 숨겨져 있다. 때로는 웃으며 때로는 눈물 흘리며 지었던 집밥 이야기를 이제 시작해보려 한다. 왠지 구수하고 따뜻한 숭늉 한 그릇을 종일 홀짝이게 되는 오늘이다.

첫 · 번 · 째

삼시 세끼

도마에서는 탁탁탁
경쾌한 소리가 울려 퍼지고
냄비에서는 짭조름한 양념 냄새가
새어 나온다.
곧이어 압력솥의 추가 딸랑거리고
잠시 후 구수한 냄새와 함께 칙,
김이 뿜어져 나온다.
하루 세 번, 우리 집의 밥 짓는 시간은
따스하고 아름다운 순간이다.

01

재료 준비는 요리의 시작

* 나는 마당이 있는 주택에서 어린 시절을 보냈다. 집에 대한 기억을 되살리면 가장 먼저 앞마당 감나무에서 익어가던 커다란 감과 그 나무 아래서 장독 손질을 하시던 엄마의 모습이 떠오른다. 엄마는 배추김치, 무김치, 백김치 등 여러 종류의 김치를 담그셨는데 그중에서도 동치미는 정말 맛이 기막혔다. 아삭한 무 맛도 일품이었지만 국물은 한 숟가락만 떠마셔도 속이 뻥 뚫릴 만큼 시원했다.

아파트로 이사한 뒤로 엄마는 김장 때마다 뭔가 못마땅해하셨다. 동치미 맛이 제대로 안 난다며 물 탓을 하셨다. 전에는 약수를 길어다가 김장을 했는데 그 물을 쓰지 않으니 맛이 안 난다는 것이었다. 그때 알았다. 엄마가 음식 맛을 내기 위해 새벽부터 아차산 약수터까지 물을 뜨러 다니셨다는 사실을. 원더우먼을 능가하는 엄마의 억척스러움과 정성 덕에 우리는 겨우내 기막히게 맛있는 동치미국물을 따뜻한 아랫목에서 시원하게 마실 수 있었던 것이다. 아차산 약수를 길어올 수 없게 되면서 언젠가부터 밥상에서는 동치미국물이 사라지고 말았다.

이처럼 재료를 준비하는 것이야말로 요리를 하는 데 가장 중요한 일이 아닌가

싶다. 재료의 개성이 잘 살아 있는 음식에는 자연스러움과 건강함이 들어 있다. 장은 주로 동네 전통시장 몇 군데를 이용한다. 시장마다 채소, 생선, 과일, 고기 등이 각각 특화된 곳이 있고 더 마음에 맞는 상인분들이 있다. 오랫동안 장을 봐와서인지 그분들은 우리 식구들의 특징과 입맛을 꿰뚫고 계셔서 편할 뿐만 아니라 좋은 물건이 들어오는 시점까지 귀띔해주셔서 보다 손쉽게 신선한 재료들을 구입할 수 있다.

물건도 물건이지만 사실 사람을 믿고 구매한다. 내가 구입해간 목록까지 알고 계시는 상인분들, 요즘 농수산물의 생산과 유통 현황까지 설명해주시는 상인분들과의 대화도 살아가는 데 쏠쏠한 재미를 준다. 더욱이 남편에게 생생하게 전할 수 있는 소중한 시민들의 목소리도 대부분 나의 장보기 현장에서 나온다고나 할까? 특별히 선거 때마다 시장에 가서 연출된 사진을 찍지 않아도 되는 이유다.

신선한 주재료를 준비했으면 다음은 맛을 낼 양념과 부재료를 준비할 차례다. 맛간장, 향신기름, 향신즙, 생강술처럼 기본이 되는 양념은 가급적 직접 만들어 사용한다. 국물의 기본이 되는 육수도 마찬가지다. 멸치다시마국물, 바지락국물, 채소국물, 양지국물, 닭고기국물 등 육수를 우리는 일에서부터 요리를 시작한다. 멸치국물은 넉넉히 만들어 냉장고에 넣어두고 쓰는데 그래도 남는다 싶으면 지퍼백에 넣어 냉동해두었다가 찌개를 끓일 때 사용한다. 또한 영양밥이나 채소밥을 할 때 가끔 넣기도 하는데 이렇게 하면 밥맛이 훨씬 좋아진다.

이외에 새우가루, 표고가루, 멸치가루, 다시마가루 등 식재료를 곱게 갈아 만든 천연 조미료들 또한 우리 집 주방에서 떨어지지 않는 기본 재료다. 찌개나 국을 끓일 때 조미료 없이도 충분히 맛있는 요리를 만들어주는 마법의 천연 가루들이 나는 정말 좋다.

내가 어릴 적 엄마의 동치미 사연으로 재료의 소중함을 얘기할 때면 이에 질세라 남편도 어릴 적 오이냉국 이야기를 한다. 안동 산골에서 밭농사 일을 하시던 어머님은 점심 반찬으로 갓 길어온 찬 우물물에 밭에서 딴 싱싱한 오이로 냉국을 만들어주셨다고 한다. 더운 여름날 조선간장만 탄 우물물에 오이채를 넣은 지극히 단순한 음식이었지만, 금방 딴 싱싱한 오이와 찬 우물물 그리고 조선간장이 어우러져 남편이 평생 잊지 못할 맛을 만들어낸 것이다. 음식 맛을 위해 나도 약수를 떠와야 하나? 아니면 우물을 파야 하나?

양념이나 육수는 미리 만들어두면 요리 시간을 단축할 수 있고
첨가물 걱정을 할 필요가 없어서 안심이 됩니다.
맛간장, 향신즙 등은 시판하는 제품이 나오지만 직접
만들어 사용하면 신선하게 먹을 수 있어요.
한번 만들 때 넉넉히 만들어두면 지인들에게 선물하기도 좋지요.
조리 과정은 어렵지 않지만 밑준비가 조금 번거로운 건 사실이에요.
친구와 서로 번갈아 만들어서 나눠 갖는 방법도 추천해요.

맛
간
장

재료 레몬 ½개, 사과 ⅓개, 간장 2L, 설탕 4½컵, 맛술 1½컵, 청주 1컵
채소국물 양파 200g, 당근 50g, 마늘 30g, 생강 20g, 물 2컵, 청주 ½컵, 통후추 1큰술

만드는 법

1. 냄비에 청주를 제외한 채소국물 재료를 모두 넣고 센 불로 끓인다. 끓기 시작하면 청주를 넣고
   중불에서 30~40분 졸여 1컵의 채소국물을 만든다.

2. 냄비에 간장, 1의 채소국물, 설탕을 넣고 센 불로 끓인다. 끓기 시작하면 중불로 줄여 뚜껑을 열고
   10분 정도 더 끓인다. 여기에 맛술, 청주를 넣은 뒤 뚜껑을 닫고 센 불에서 끓이다가 중불로 줄여
   5분 더 끓인다.

3. 식으면 레몬, 사과를 저며 넣고 24시간 숙성한 뒤 과일을 건져내고 냉장 보관한다.

조금 번거롭지만 한번에 많은 양을 만들어놓으면 편리하다.
가루로 만든 천연 조미료를 음식에 사용하면 깊은 맛이 날 뿐 아니라
요리 시간이 짧아지고 화학 성분 걱정할 필요가 없어서 안심이다.

멸치가루

국물용 멸치는 내장을 빼고 손질하여 기름 없는 마른 팬에 살짝 볶은 뒤
식혀서 믹서에 곱게 간다.
밀폐용기에 담아 냉동 보관하고 각종 국, 찌개, 쌈장, 주먹밥에 활용한다.

다시마가루

깨끗한 젖은 행주로 다시마 표면을 닦은 뒤 적당한 크기로 잘라서 기름 없는 팬에 볶은 다음
식혀서 믹서에 곱게 간다.
밀폐용기에 담아 냉동 보관하고 각종 찌개, 국물 요리에 활용한다.

새우가루

마른 새우는 기름 없는 팬에 약한 불로 볶은 뒤 식혀서 믹서에 곱게 간다.
밀폐용기에 담아 냉동 보관하고 채소 볶음, 된장찌개, 호박나물, 부침개, 달걀찜 등에
활용한다.

표고버섯가루

표고버섯 밑동을 자르고 채 썰어 햇볕이나 건조기에 바싹 말린 뒤 식혀서 믹서에 곱게 간다.
밀폐용기에 담아 냉동 보관하고 각종 찌개, 국물 요리에 활용한다.
잘라낸 밑동은 냉동 보관했다가 국물용 재료로 사용할 수 있다.

향신즙

무·배·양파·마늘 100g씩, 생강 20g을 주서에 넣고 내려서 즙만 사용한다.
냉동할 수 있는 큐브 케이스에 담아 얼리면 1개씩 떼어 사용할 수 있다.
갈비탕이나 생선맑은탕(지리) 등 맑은 국물 요리를 할 때 넣으면 맛이 깊어진다.

생강술

얇게 썬 생강에 청주 1병을 부어 만든다. 생강과 청주의 비율은 1:1이다.
3~4일 냉장고에 숙성한 뒤 사용한다.
고기를 양념에 잴 때나 생선, 닭고기, 돼지고기 등의 요리를 할 때 넣으면 잡냄새를
없애고 풍미를 배가시켜준다.
오래 보관해도 큰 무리가 없어서 평소 떨어지지 않게 늘 준비해둔다.

엿간장

냄비에 멸치 손질한 것 30g, 통마늘 10개, 생강 저민 것 10쪽, 건고추 8개,
표고버섯 5개, 양파(대) 1개, 대파 1대, 다시마 25×25cm 1장, 간장 3컵,
물엿·물 1½컵씩, 설탕·청주 1컵씩, 통후추 ½작은술을 넣고 센 불에서 끓이다가
약한 불로 줄여서 졸여가며 1L로 만든다.
장조림, 꽈리고추조림 등 각종 조림 요리에 사용한다.

육수

멸치국물은 무 400g, 대파 200g, 멸치(국물용) 50g, 통마늘 20g, 통후추 15g,
다시마 20×20cm 1장, 물 20컵을 냄비에 넣고 끓이다가 물이 끓어오르면
다시마를 건지고 15분 더 끓인다.
한 번 쓸 만큼 소분해서 냉동 보관하고, 냉장 보관한 것은 1주일 내 소비한다.
고기국물은 주로 뭇국이나 고깃국을 끓일 때 사용하고,
바지락이나 멸치 등 해물로 만든 국물은 된장찌개를 끓일 때 넣으면 좋다.
바지락국물은 체나 면포에 내려서 국물만 잘 걸러 사용해야 한다.
육수를 끓일 때는 파스타를 삶는 깊이 있는 냄비를 사용하면 육수의 밑재료를
건져내기 쉽고 넉넉한 양의 국물을 만들 수 있다.

02

지을수록 까다로운 밥

* 밥은 지으면 지을수록 까다롭게 느껴진다. 어떻게 보면 메인 요리보다 더 어려운 것이 밥 짓기 같다. 기본 중의 기본이지만 내공이 많이 필요해 밥을 보면 요리 실력을 어느 정도 가늠할 수 있다. 갓 지은 윤기 도는 밥은 참 매력적이다. 밥이 맛있으면 어떤 반찬을 곁들여도 맛있다.

　보통은 주로 서너 가지 이상의 잡곡과 현미를 섞은 밥을 짓는다. 곡물의 종류는 무수히 많고 영양 성분도 각기 달라 될 수 있는 대로 다양한 종류의 밥을 먹으려고 한다. 가장 자주 먹는 재료는 서리태. 미리 하룻밤 불렸다가 잡곡과 섞어 지으면 구수한 영양 만점 콩밥이 된다. 최근 영양가를 인정받은 퀴노아를 종종 섞기도 한다. 가끔씩 제철에 나오는 재료를 이용해 밥을 짓는데 여름이 제철인 옥수수는 삶아서 한 알 한 알 떼어 지퍼백이나 페트병에 담아 냉동실에 보관해두었다가 한 줌 넣고 밥을 지으면 달큰하면서도 고소한 옥수수밥이 된다. 찹쌀은 언제나 떨어지지 않게 준비해두는 곡물. 잡곡밥을 지을 때 찹쌀을 조금 섞으면 잡곡밥 특유의 깔깔한 식감이 부드러워진다. 이렇게 여러 곡물을 골고루 먹다 보니 우리 집 부엌에는 늘 밀폐

용기에 잡곡이 보관되어 있다.

밥을 짓기 전에는 식구들의 건강 상태나 전날 먹은 음식, 날씨까지 고려한다. 속이 불편할 때는 소화가 잘되지 않는 잡곡의 양이나 가짓수를 줄이고 흰쌀과 물의 비율을 늘려 살짝 질게 짓는다. 아이들이 시험으로 스트레스를 받는 기간일 때는 흰쌀밥과 심심한 반찬으로 상을 차려준다. 전날 고기나 기름진 음식을 먹어서 속이 더부룩하거나 소화가 덜 되었을 때는 일부러 누룽지가 생기도록 지어 눌은밥을 끓이거나 숭늉을 만들기도 한다. 또 날씨가 춥고 몸이 으슬으슬한 날에는 잡곡의 비율을 줄인 밥에 따끈한 국을 곁들인다. 반대로 무더운 여름에는 시원한 냉국에 밥을 말아낸다.

오랜 시간 밥을 짓다 보니 도구나 물에 따라서도 밥맛이 크게 달라진다는 것을 알게 되었다. 먼저 밥솥의 종류에 따라 전혀 다른 맛을 낼 수 있다. 우리 집의 밥은 조금 진 편이다. 압력솥을 주로 이용하는데 촉촉하고 조금 끈적한 밥을 지을 때 제

격이다. 평상시에는 압력솥을 즐겨 쓰지만, 가끔 무쇠솥이나 돌솥에 밥을 지어 곡물의 맛을 즐기기도 한다.

다음으로는 물이다. 생수를 이용해 밥을 짓는 것이 기본인데 솥밥을 할 때는 다시마국물을 사용하기도 한다. 신혼 때는 반지 하나 없이 엉터리 프러포즈를 받았던 설악산의 오색약수를 비롯해 전국 각지의 약수를 떠다가 밥을 짓기도 했다. 물이 다 거기서 거기 아니겠냐고 생각할 수 있겠지만 약수에 따라 밥맛은 물론 밥의 색도 다르다. 지금은 많이 변했지만 오색약수로 밥을 지으면 노란색의 찰진 밥이 반찬 없이 먹을 수 있을 정도로 맛이 좋았다. 신혼의 달달한 맛과 설레는 프러포즈의 기억이 반찬 노릇을 해주어서였는지도 모르겠지만 말이다.

사실 끼니마다 갓 지은 촉촉한 밥을 먹이고 싶은 건 다 같은 마음일 것이다. 하지만 막상 밥상을 차릴 때마다 밥을 짓기란 생각보다 쉽지 않다. 여유가 없을 때는 가끔 아침에 지어놓은 찬밥을 데워 밥상을 차리기도 하는데 남편과 아이들이 투정을 하지 않아 정말 다행이다 싶다. 하지만 밥 대신 빵을 주는 것은 별로 달가워하지 않는다. 그래서 찬밥을 데울지언정 빵으로 상을 차리는 일은 드물다. 가끔씩 간편하게 빵으로 아침을 대신하고 싶은 마음이 들기도 하지만 그래도 투덜거리면서 밥을 안치는 걸 보면 나 역시 밥을 더 좋아하는지도 모르겠다.

현미가 몸에 좋다는 말을 듣고 며칠간
현미로만 밥을 지었던 적이 있어요.
소화가 잘 안 되는 체질인지라
100% 현미밥은 역시나 맞지 않았습니다.
이후로는 다른 사람들이 몸에 좋다고 하는 것도
내 몸에 맞추어 먹으려 노력합니다.
늘 같은 곡물을 고집하기보다는 몸 상태에 따라 조금씩
곡물의 비율을 다르게 조절해서 밥을 지어도 좋아요.
매일 먹는 밥이 살짝 지겨워질 때는 집에 있는
재료를 활용해 솥밥을 지어도 맛있습니다.
솥밥의 장점은 별다른 반찬이 필요 없다는 것이죠.
그저 따끈한 솥밥과 양념장, 김치 한 가지면
한 끼 식사로 충분합니다.

흑미 잡곡밥

재료 쌀 2컵, 찹쌀 1컵, 찰현미·찰흑미·기장 ⅓컵씩, 물 5컵

만드는 법

1. 찰현미, 찰흑미는 12시간 이상 물에 불린다.
2. 나머지 곡물은 섞어서 흐르는 물에 3~4번 씻은 뒤 1시간 이상 불린다.
3. 압력솥에 준비한 재료를 넣고 물을 부은 뒤 센 불로 끓인다.
4. 추가 완전히 올라오면 아주 약한 불에서 15분 끓인 뒤 불을 끄고 5분간 뜸 들인다.

tip. 잡곡은 편중되지 않게 골고루 바꿔가며 넣되 한번에 5가지 이상 넣지 않는 것이 좋다.
쌀:잡곡의 비율은 7:3을 추천한다. 묵은 쌀일 경우 물을 넉넉하게 잡는 등 쌀의 상태에 따라 물의 양을
조절한다.

김치 콩나물 솥밥

재료 쌀 불린 것·물 2컵씩, 김치 200g, 쇠고기(불고기용) 100g, 콩나물 ½봉지
양념장 파 다진 것·연간장·향신즙(또는 생강술) 1큰술씩, 참기름 ½큰술, 청주 1작은술, 후춧가루 약간
비빔장 파 다진 것·간장·연간장 2큰술씩, 참기름 1큰술, 마늘 다진 것·깨소금·고추장·고춧가루 2작은술씩,
후춧가루 약간

만드는 법

1. 쇠고기는 다지듯 잘게 썰어 분량의 재료대로 섞은 양념장에 재운다.

2. 김치는 양념을 털어내고 먹기 좋게 썬다.

3. 콩나물은 데친 뒤 찬물에 헹궈 물기를 뺀다.

4. 솥에 쌀, 쇠고기, 김치, 물을 순서대로 넣고 센 불에 올려 끓기 시작하면 중불로 줄인다.

5. 5~7분 정도 뜸 들인 뒤 그릇에 밥을 담고 콩나물을 얹는다.

6. 비빔장 재료를 섞어 김치콩나물솥밥에 곁들여 낸다.

03

낡았지만 아름다운

*   20년이 넘도록 도배 한번 못한 집, 그리고 10년이 넘은 텔레비전과 가끔 고장까지 나는 24년 된 낡은 에어컨, 흐릿해져가는 조명… 남편이 리얼리티 방송 프로그램 출연을 제안했을 때 나는 펄쩍 뛰었다.

"이렇게 변변찮은 살림을 전국에 중계하자는 거야?"

특히 주방 살림을 만천하에 공개하는 건 엄청난 결단을 필요로 하는 일이었다. 첫 녹화를 앞둔 어느 날 주방 곳곳에 카메라를 설치한다는 제작진의 말에 마음이 다급해졌다. 왠지 부끄러운 낡은 살림들을 정리하려고 주방 대청소를 시작했다. 그런데 낡은 물건들 중 어느 것 하나 버릴 게 없었다. 아니, 손때 묻은 물건을 보니 더 애착이 갔다.

그중 하나가 아이들과의 추억이 서려 있는 가스오븐이다. 불이 잘 붙지 않아 방송에서 부싯돌이냐며 놀림받던 그 오븐 말이다. 지금은 누르스름하게 변했지만 당시에는 부엌을 새하얗게 빛내주던 사랑스러운 존재였다. 지금 살고 있는 집으로 이사하기 전까지 오븐은 나의 로망이나 다름없었다. 갖고 싶던 오븐이 생기자 그동안

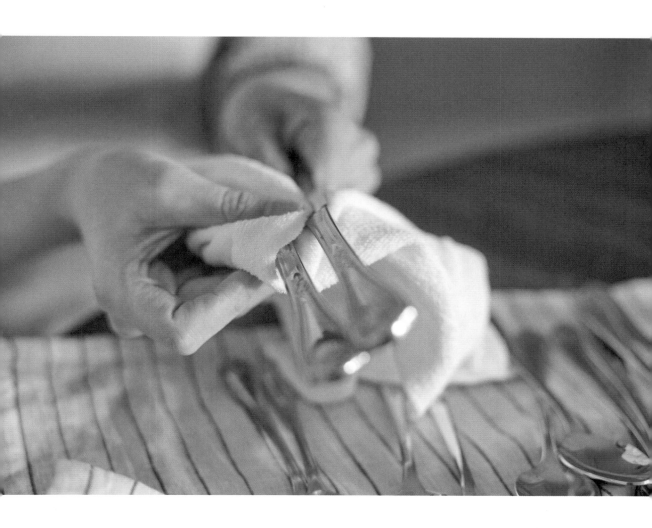

하지 못했던 요리에 도전했다. 아이들과 함께 조물조물 과자를 빚어 오븐에 넣으면 밀가루를 뒤집어쓴 아이들이 그 앞에서 부풀어 오르는 반죽을 구경하며 자리를 떠날 줄 몰랐다. 오븐 속을 들여다보는 아이들의 기대와 기쁨으로 가득했던 눈망울이 지금도 생생하다. 대체 그런 예쁘고 귀여운 표정을 마지막으로 본 게 언제였던가. 그 천진하던 아이들도 이제 내 품을 벗어나 자신만의 삶을 찾아 훨훨 날아갈 때가 되어간다. 쿠키 한 판에 한순간 표정이 밝아지는 아이들이었지만 세월이 가면서 어느새 얼굴에는 청년의 고뇌가 드리워져 있다. 오븐 옆에서 한없이 밝고 천진스러운 표정을 짓던 아이들을 이제는 다시 볼 수 없다. 굳이 오븐을 새것으로 바꾸고 싶지 않은 이유도 오븐에 새겨진 추억 때문일 것이다.

가스오븐 위에 놓인 낡은 냄비들에도 추억이 있다. 결혼할 때 엄마가 주신 것들이기 때문이다. 시집가는 딸을 위해 살림살이를 장만해주고 싶은 엄마의 마음은 예나 지금이나 같을 것이다. 우리 엄마도 예외가 아니셨다. 맏이이자 외동딸인 나를 위해 냄비 세트, 도자기 세트며 살림살이 준비를 얼마나 많이 하셨던지 따로 주방 살림을 사지 않고도 결혼 생활을 시작할 수 있을 정도였다. 나이 쉰을 넘긴 딸이건만 지금도 걱정만 하시는 엄마를 생각하면 눈물이 난다.

남편이 어릴 적 어머님이 다식을 만들어주셨다던 다식판도 소중한 물건 중 하나다. 시댁에는 유독 옛 물건들이 많았다. 시누이와 내가 어머님의 손때 묻은 추억의 물건들을 하나씩 나눠 갖기로 했을 때, 남편이 추억이 담긴 물건이라며 꼭 갖고 싶다고 고른 것이 바로 다식판이다. 세월의 더께가 고스란히 묻어 있는 다식판으로 어머님처럼 뚝딱 다식을 만들어낼 자신은 없지만 나무에 새겨진 아기자기한 꽃문양이 보기만 해도 참 예쁘다.

국자에도 어머님과의 추억이 있다. 신혼여행을 다녀온 직후 어머님은 내 손을 잡고 성남의 상대원시장으로 향하셨다. 아버님이 청소노동자로 일하며 자식들 먹이려고 썩기 직전의 과일을 주워오셨다던 그 시장, 젊은 시절의 어머님과 어린 시누이가 남자들이 드나들던 공용화장실 앞에서 화장실 이용료를 받으며 화장지를 팔던

바로 그 시장이다. 남편이 드리는 생활비를 아껴 남몰래 꼬박꼬박 모으셨던 어머님, 그런 귀한 돈으로 그 시장에서 제일 좋은 국자 세트를 사주시면서도 해준 게 없어 미안하다시던 어머님. 힘든 삶을 사셨으면서도 여전히 백옥처럼 뽀얗고 굳은 티 하나 없이 고운 피부를 가지신 어머님. 지독한 가난 속에서 힘겹게 키워낸 넷째 아들이 변호사로 성공하고 어느덧 번듯하게 며느리까지 맞았으니 상대원시장 골목골목을 누비며 상인들에게 며느리를 인사시키시는 마음이 남다르셨을 것이다. 그 마음을 알기에 손잡이가 떨어져나가도 차마 버리지 못하고 아직도 애틋한 마음으로 쓰고 있는 소중한 물건이다.

당시 처음 가본 그 시장에 얽힌 시댁 식구들의 사연을 미리 알고 있었던 건 남편이 프러포즈 때 준 어릴 적 일기장 때문이었다. 초등학교를 졸업하자마자 가난 때문에 어머니 손에 이끌려 학교 대신 공장으로 향해야 했던 어린 소년. 남편은 이른 새벽마다 시장 청소를 도우라며 깨우는 아버지에 대한 짜증과 불만으로 하루를 시작했다. 시장 청소부였던 아버지를 도와 형제들이 번갈아 새벽마다 리어카를 밀었다. 남편은 그렇게 고된 새벽으로 하루를 연 뒤 낮에는 공장에서 돈을 벌고, 밤에는 늦게까지 독학을 했다.

남편의 일기 중에서도 그 시장 골목 어귀의 한 장면이 유독 자세히 담긴 어느날의 일기는 중년이 된 지금까지도 내 마음 속에 짠하게 남아있다. 아버지의 청소 리어카를 밀고 있는데 몰래 좋아했던 소녀가 새하얀 교복을 입고 지나가다 남편과 눈을 마주쳤던 날의 기억이다. 창피한 마음과 함께 아버지에 대한 원망이 고스란히 드러난 먼 과거의 그날, 그날로 돌아갈 수만 있다면 그 키 작은 꼬마 소년을 꼭 끌어안아주고 싶다. 지금은 두 아이의 아버지가 되고 환갑을 바라보는 남편과 얼굴도 뵙지 못한 아버님에게 추운 겨울날 호호 불어가며 마실 따끈한 대추차를 보온병 가득 담아 내드리고 싶다. 잣 고명 듬뿍 올려서.

손때 묻은 도구는 추억이 담겨 있어서 사용할
때마다 주고받은 이와의 기억이 떠오릅니다.
미역국처럼 장시간 끓이는 음식을 할 때면
여전히 오래된 국자와 냄비를 꺼내 들어요.
손잡이와 뚜껑 꼭지가 떨어져나갔음에도
30년이 되어가는 냄비들에 여전히 손이 가는 건
엄마의 마음이 녹아 있기 때문이겠죠.

오븐

오븐은 쿠키, 파이, 치킨그라탱, 피자, 로스트 치킨 등을 만들 때 쓴다. 지금보다는 아이들 어릴 적에 훨씬
활용도가 높았다. 오븐 앞에서 초롱초롱 반짝이는 눈빛을 하고 까르르 웃던 아이들과 함께했던 시간은
어느 순간 지나가고 말았다.

냄비

스테인리스 스틸 냄비는 처음 사용할 때 꼭 연마제를 제거해야 한다. 바닥을 태웠을 때는 먼저 뜨거운 물에
베이킹 소다를 풀어 끓여주다가 마지막에 식초를 타서 끓이면 광택에도 도움이 된다. 구연산을 풀어 끓여도
찌든 때 제거와 광 내기에 효과가 있다. 특히 철수세미 사용은 광택을 잃게 만드니 조심해야 한다.
엄마가 혼수로 마련해주신 냄비를 이렇게 연마제 제거하고 지금까지 야무지게 관리하며 썼느냐 하면 절대
아니다. 그 당시엔 연마제가 뭔지도 몰랐고 그저 주방세제로 뽀득뽀득 닦아서 썼을 뿐이다. 냄비를 까맣게
태우기 일쑤였던 나는 절대 쓰지 말라는 철수세미로 안팎을 빡빡 닦아가며 썼다. 요즘 젊은 주부들은
지혜롭고 정보력도 좋아서 살림을 너무나 잘한다. 이들을 볼 때면 우왕좌왕하며 허둥대던 어설픈 내 젊은
시절이 떠올라 사실 이 순간에도 부끄러움에 얼굴이 화끈거린다.

다식판

어머님이 아주 오래전부터 쓰셨던 다식판이다. 추억이 담긴 물건이라며 남편이 꼭 갖고 싶어 해서 우리 집에 오게 되었다. 송홧가루 구하기도 쉽지 않고 모양을 찍어내는 것도 생각처럼 잘되지 않는다. 틀에 랩을 씌운 뒤 모양을 찍어내면 떼어낼 때 좀 더 용이하다. 몇 번의 실패를 거듭한 끝에 겨우 어머님의 다식과 비슷한 모양을 만들었으나, 남편의 추억을 고스란히 소환해내기엔 아직 솜씨가 부족하다.

은식기

요리에 재미를 붙이고 상차림을 해가면서 그릇과 도구들이 늘어갔다. 은식기도 그중 하나로 2000년쯤 구입했다. 당시에는 포틀럭 파티나 뷔페 상차림을 즐겨 했는데 은으로 만든 식기들이 왜 그리 예뻐 보이던지… 하지만 관리와 보관이 여간 까다로운 것이 아니다. 전용 세척제나 연마제가 들어 있지 않은 치약으로 닦아 깨끗이 씻은 뒤 물기를 제거하고 지퍼백에 보관하면 색이 변하는 것을 어느 정도 막을 수 있다. 냄비에 쿠킹포일을 깔고 은식기가 잠길 만큼 물을 넉넉히 부은 뒤 쿠킹포일을 덮고 끓이는 방법도 괜찮다.

04

상차림의 기본

* 결혼 이후 요리에는 관심이 많았지만 담음새에는 그다지 신경을 못 썼다. 그러던 중 요리를 배우면서 상차림에 대한 욕심이 생기기 시작했다. 요리에 조금씩 자신이 붙다 보니 완성된 요리를 예쁘게 담아 근사한 밥상을 차리고 싶은 마음이 든 것이다. 맛있는 음식을 먹는 즐거움도 있지만 그 음식을 더 맛있어 보이게 만드는 즐거움은 생각보다 컸다. 요리 수업이 끝난 후 선생님이 테이블 세팅을 해주시면 사진을 찍어 스크랩을 해두며 어떻게 하면 상을 예쁘게 차릴 수 있을까 공부하기 시작했다.

중요한 손님이 오는 날이면 음식과 함께 꽃을 준비한다. 계절은 물론 요리의 색과 잘 어울리는 컬러의 꽃을 준비해 작은 유리병이나 화병에 꽂아 접시 사이에 놓으면 식탁이 한결 멋스러워진다. 꽃뿐만 아니라 다양한 그린 소재를 이용해 장식을 하는 것도 좋은 방법이다. 특히 여름 식탁에는 청량감을 줄 수 있어 잘 어울린다. 반대로 가을이나 겨울에는 말린 꽃을 이용하면 더 조화로운 느낌을 낼 수 있다.

요리를 하다 보니 자연스럽게 다양한 그릇을 사용하게 되었다. 그중에서도 가장

애착이 가는 것은 바로 놋그릇이다. 몇 년 전 올케로부터 우리 부부의 이름이 새겨진 놋수저 세트를 선물 받으면서부터 놋그릇이 눈에 들어왔다. 사실 놋그릇은 무게감이 있어 반찬 그릇까지 세트로 쓰기엔 뒷정리에 대한 부담감이 있다. 그런 이유로 놋그릇과 도자기 그릇을 믹스해 세팅하기 시작했는데 의외로 잘 어울려서 밥과 국 그릇은 놋그릇을, 찬기는 심플한 문양이 장식된 그릇을 함께 사용한다.

한 가지 더 소개하자면 트레이를 들 수 있다. 처음에는 편리함 때문에 사용하게 되었다. 주방에서 식탁으로 완성된 반찬을 옮길 때 쟁반에 하나하나 담고 다시 내려놓는 과정이 은근 귀찮지 않은가. 그래서 원반을 이용하기 시작했다. 밥과 국은 원반에 올려 각 개인 앞에 세팅하고 반찬은 사각 트레이에 담아 그대로 식탁 위에 내려놓는다. 처음엔 옮기는 과정이 번거로워서 쓰기 시작했는데 모던한 트레이에 반찬들이 놓여 있는 모습이 오히려 식탁 위에 바로 올린 것보다 정갈해 보여 우리 집의 트레이드마크가 되었다. 예쁜데 편리하기까지 하다면 그야말로 최고의 차림법이 아닐까 싶다.

또한 최근에 즐겨 사용하기 시작한 것이 바로 나무 도마다. 나무 특유의 자연스럽고 편안한 색감과 무늬는 그 어떤 그릇보다도 아름답게 느껴진다. 처음에는 음식물을 자르는 순수한 용도로만 사용했는데 언제부터인가 요리를 담아내는 그릇의 용도로 바뀌었다. 집에서 피자를 굽거나, 샌드위치 혹은 핑거 푸드를 만들어 손님을 대접할 때는 나무 도마에 담아내곤 한다. 이렇게 하면 레스토랑 부럽지 않은 담음새가 되어 왠지 뿌듯한 마음이 든다. 하지만 도마는 전문가가 아닌 이상 소독하고 관리하는 데 한계가 있어 다른 식기들처럼 오래 두고 쓰기에는 어려움이 있다. 너무 비싸지 않은 도마를 구입해 자주 바꿔가며 쓰는 것이 나에게는 잘 맞는다.

때로는 푸드 스타일리스트들의 멋들어진 상차림이 호기심을 자극해 도전을 해보기도 합니다.

패브릭 소재의 테이블 매트는 계절감을 표현할 수 있어

특별한 요령이 없어도 쉽게 분위기를 연출할 수 있지요.

톤은 다르지만 서로 비슷한 색상의 소품과 그릇을 사용하는 것도 추천합니다.

꽃 장식

요리와 꽃을 함께 플레이팅할 때는 부피가 큰 꽃보다는 작은 화병이나 화분에 담긴 꽃으로 장식한다.
화려한 꽃보다는 화이트나 그린 계열의 작은 꽃 장식이 요리를 더욱 돋보이게 하기 때문이다.

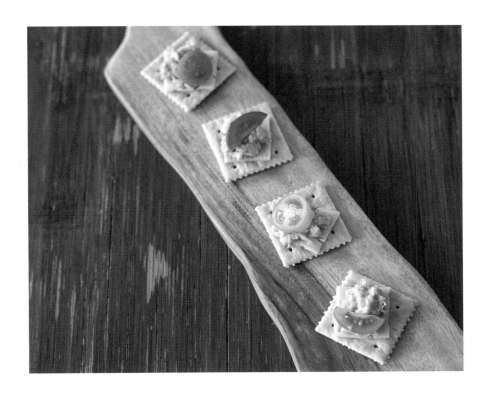

나무 도마

얼마 전부터 대나무 도마와 캄포 도마를 쓰고 있다. 대나무 도마는 형태가 뒤틀릴 수 있기 때문에 절대
뜨거운 물로 소독하지 않는다. 소금으로 문질러 차가운 물에 세척한 뒤 그늘에서 건조시켜 오일을 발라
사용한다. 대나무는 냄새를 흡수하는 성질이 있어 탈취력이 좋은 데다 음식물의 색이 잘 배지 않고 건조가
빠른 편이다. 따라서 플레이팅 용도로도 좋지만 실제 음식 커팅용으로도 제격이다.
캄포 도마는 부드러운 소재라서 칼질을 해도 칼이 금방 무뎌지지 않고 손목 자극도 적은 편이다.
칼자국이 나면 사포로 문지르고 두 달에 한 번은 오일을 도포해 3일간 그늘에서 완전 건조시킨다.
장시간 물에 담가놓지 않도록 주의한다. 한 면은 칼도마로, 다른 한 면은 플레이팅 접시로 활용하면 좋다.

놋그릇

놋으로 된 수저 세트와 밥그릇, 국그릇을 가지고 있다. 놋그릇은 식기세척기를 사용하지 않고 바로
설거지해서 물기를 제거해준다. 색이 어두어지거나 윤기가 없어지면 마른 녹색 수세미로 문질러 닦아주면
된다.

원반

커다랗고 납작한 원반은 식기로 쓰기도 하지만 대부분 식기와 수저를 올려 간단한 밥상을 내는 트레이 용도로 사용한다. 테이블 매트를 오염시키지 않을 요량으로 매트 위에 놓고 사용하다 보니 이제는 우리 집 고유의 트레이가 되었다. 세척까지 쉬워 애용하고 있다.

05

일석삼조 제철 재료

* 아이들이 유치원에 들어가고 여유가 생기면서 요리를 배우게 되었다. 그 시절의 나는 어찌나 모범생이었던지 배운 그대로만 요리를 했다. 한 품의 요리를 위해 필요한 재료를 모두 구입한 뒤 레시피대로 요리를 하고 나면 언제나 재료가 남았다. 심지어 때맞춰 쓰지도 못하고 버리는 것들도 있었다. 큰마음 먹고 구입한 식재료들을 못 쓰게 되면 더할 수 없이 속이 상했다.

시간이 흐르고 경험이 쌓이다 보니 요리에도 융통성이라는 것이 생겨났다. 없으면 없는 대로 모자라면 모자라는 대로, 남는 재료로 없는 재료를 대체해가며 나만의 새로운 메뉴를 만들어내기 시작했다. 마치 세월에 따라 삶을 대하는 태도가 유연해지듯 나의 요리도 유연함을 갖게 된 것이다. 좋게 말하면 도전정신일 테고 속된 말로 하면 '식재료 돌려막기'쯤 되겠다. 어느덧 한 가지 재료로 여러 가지 음식을 만들어내는 여유와 편안함이 생겼다. 계절이 바뀌면 시장에서 신선하고 질 좋은 제철 식재료를 양껏 장만해 다양한 음식을 만들곤 한다. 뭐든 해보려는 시도가 철마다 우리 집 밥상을 풍요롭게 만들어온 건 분명하다. 남편과 아이들이 듣기 좋으라고 한 말인

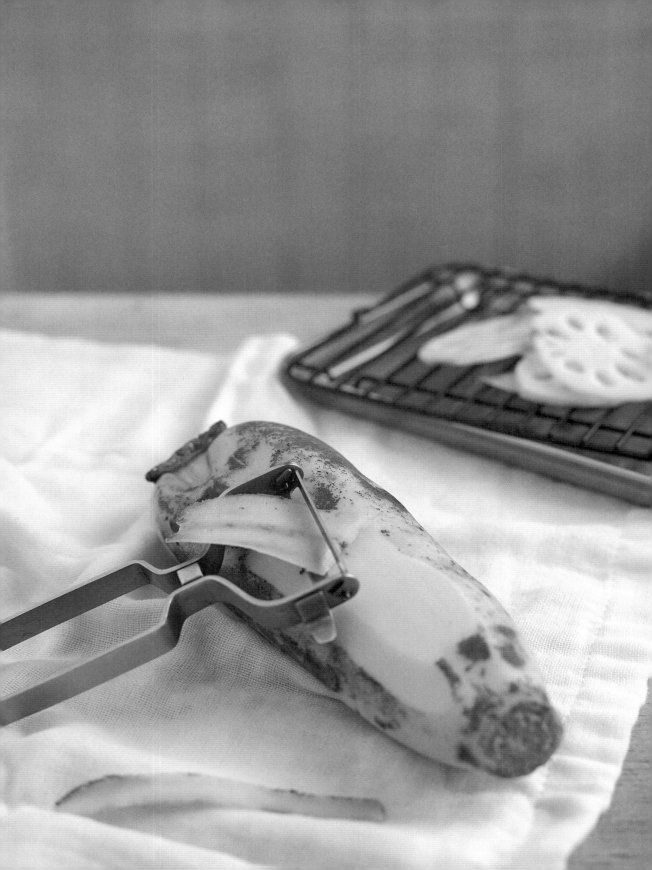

지는 몰라도 식구들에게 맛있다는 칭찬을 꽤나 들었다.

　이맘때쯤 꼭 장만하는 식재료 중 하나로 연근을 빼놓을 수 없다. 우리 집에 온 연근은 함께 놓이는 다른 메뉴들과의 조화를 위해 어느 날은 조림이 되고, 어느 날은 무침이 된다. 또 어느 날은 샐러드가 되고, 튀김이 되고, 볶음 요리가 된다. 그래도 남으면 피클로 탄생한다. 모양마저 특이해 이런저런 실험 의욕을 불러일으키는 연근은 어떻게 활용해도 인기가 좋아 철마다 손이 가지 않을 수가 없다.

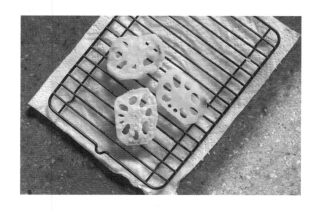

제철 채소는 값이 싸면서 신선한 데다 따로 보약이
필요하지 않을 정도로 영양이 가득합니다.
시장에 가면 제철 재료를 가장 먼저 만날 수 있는데
가을부터 초봄까지 제철인 연근은 식감이 아삭하고
다양하게 먹을 수 있어 특히 밥상에 자주 오르는 식재료예요.
늘 먹던 조리법에서 탈피해 샐러드로,
전으로, 무침으로, 튀김으로…
다양한 조리법을 시도하면 재료를 남기지
않으면서 지루하지 않게 먹을 수 있어요.

재료 연근(소) 1개, 전분 3큰술, 튀김용 기름 적당량, 견과류(땅콩, 아몬드 부순 것)·어린잎 채소 약간씩
소스 마요네즈 5큰술, 깨 4큰술, 설탕·물·레몬즙 2큰술씩, 간장 1작은술

만드는 법

1. 연근은 껍질을 벗겨 얇게 썬 뒤 물기를 제거한다.

2. 연근에 전분을 묻혀 160~170˚C의 기름에 바삭하게 튀긴다.

3. 믹서에 소스 재료를 모두 넣고 간다.

4. 접시에 어린잎 채소를 소복하게 담는다.

5. 연근 튀김과 견과류를 올린다.

6. 5 위에 소스를 얹는다.

연근흑임자무침

재료 연근(중) 1개, 식초 약간
<u>소스</u> 마요네즈 4큰술, 흑임자 2큰술, 설탕 1큰술, 물 ½큰술, 레몬즙 1작은술, 소금 약간

만드는 법

1. 연근은 껍질을 벗겨 얇게 썬다.
2. 식초를 넣은 물에 연근을 10분간 담갔다가 건져 끓는 물에 살짝 데친 뒤 물기를 뺀다.
3. 믹서에 흑임자를 넣고 갈다가 나머지 소스 재료를 모두 넣고 간다.
4. 연근을 소스와 고루 버무린다.

아삭한 연근조림

재료　연근(중) 1개, 식용유 2큰술, 식초·마늘 다진 것 1큰술씩, 소금·물엿·통깨 약간씩
　　　　양념장 물 1½컵, 옛간장 10큰술, 설탕 2큰술, 물엿 1큰술

만드는 법

1. 연근은 껍질을 벗겨 얇게 썬 뒤 식초, 소금을 넣은 끓는 물에 3~4분 정도 데친다.
2. 데친 연근은 찬물에 씻어 물기를 제거한 뒤 달군 팬에 식용유를 두르고 마늘과 함께 볶는다.
3. 양념장 재료를 섞어 2의 팬에 넣고 중불에서 5분, 다시 센 불에서 5분간 졸인다.
4. 양념장이 자작하게 졸면 물엿과 통깨를 넣어 버무린다.

06

늘 먹는 식재료의 고마움

* 두부, 달걀, 콩나물, 양배추⋯ 1년 365일 우리 집 주방에서 삼시 세끼의 단골 재료가 되어주는 것들이다. 그중에서도 한 주를 시작하는 월요일 아침마다 현관문 앞에 걸려 있는 두부와의 인연은 남다른 데가 있다.

10대에는 빨리 어른이 되고 싶었고, 20~30대에는 영원히 늙지 않을 줄 알았지만 나도 어느새 50이 넘고 말았다. 고령화 사회로 가면서 노인은 많고 일자리는 턱없이 부족하다. 언젠가 저녁 밥상에서 부모님 이야기를 나누다 노인 문제를 걱정하는 내게 남편이 노인 일자리 사업 기관에서 만드는 두부가 있다고 알려주었다.

노인들이 모여 소일 삼아 일하는 이곳에서는 두부, 국수, 과자, 참기름 등을 만들고 일부 품목은 직접 배달까지 해준다. 처음에는 어르신들을 응원하며 작은 도움이라도 되고 싶은 마음에 두부를 배달받기 시작했는데, 매주 먹다 보니 맛과 품질이 뛰어나고 좋은 재료로 위생적으로 만들어 안심도 되었다. 이곳의 두부가 우리 집 상비식이 된 지도 벌써 수년째다.

한여름엔 콩물도 배달받는다. 콩물은 그냥 마셔도 좋지만, 얼음 동동 띄우고 국

수를 말아 먹으면 그 시원함에 더위가 싹 가신다. 면만 삶으면 준비된 콩물로 금세 만들어 먹을 수 있는 콩국수가 여름날 주방의 더위를 잡는 데 한몫했을 것이다.

자주 먹는 식재료인 달걀도 생각보다 다양한 요리를 만들 수 있는 최고의 식품이다. 나는 반숙을 선호해서 살짝 덜 익혀 톡 터뜨려 먹는 수란을 좋아한다. 아이들에게는 달걀말이를 자주 해줬다. 아이들이 어릴 적에는 잘 먹지 않는 채소를 다져 넣고 만들어주기도 했는데 이렇게 해주면 한 접시 뚝딱 해치워서 엄마의 마음을 편안하게 해주는 고마운 반찬이었다. 가족이 모두 좋아하는 달걀 요리는 바로 달걀찜이다. 식당에 가면 봉긋 솟아오른 부드러운 달걀찜을 집에서도 똑같이 해보려고 맛있는 달걀찜을 내는 식당에 가면 늘 레시피를 물어보고 실습도 여러 번 했으나 아직도 완벽하지는 않다. 모든 요리가 그러하겠지만 식재료의 신선함에 대한 중요성은 달걀도 예외는 아니다. 오래된 달걀은 특유의 비린 맛이 있어서 더욱 신경 쓰는 편이다. 달걀을 살 때는 유통기한이 아닌 산란일을 체크해야 하지만 그동안 산란일을 확인하기가 쉽지 않았다. 그런데 2019년부터 산란일 표기가 의무화된다니 다행스러운 일이다. 달걀을 구입하면 꼭 보관용기에 따로 담아 냉장 보관을 한다. 달걀의 세균이 다른 음식물을 오염시킬 수 있으니 보관용기는 뚜껑이 있는 것으로 선택하는 것이 좋다.

콩나물도 자주 먹는 식재료로 빼놓을 수 없다. 국물 요리에도 좋고 무치거나 찌거나 볶아도 맛있어서 쉽게 질리지 않는다. 그리고 어머님에게 전수받은 무콩나물국은 전날 술 마신 남편의 해장 메뉴로 그만이다. 냉장고에 늘 담아두는 채소인 양배추는 남편이 단식을 하고 나서 위에 도움이 될까 싶어 보식으로 관심을 갖게 된 식재료다. 게다가 아버님이 위암으로 돌아가신지라 남편의 위 건강이 걱정 되어 단식 이후로는 떨어지기 전에 미리 사두는 채소가 되었다. 늘 해먹는 양배추 조리법은 간단하다. 양배추를 찌거나 데쳐서 쌈장과 함께 내는 것. 전에는 생으로 채 썰어 샐러드로도 많이 먹었는데 언젠가부터 거친 생채소보다는 살짝 데치거나 부드럽게 익힌 채소를 먹는 게 좋아졌다. 입맛도 조금씩 나이가 드나 보다.

아이부터 어른까지 누구나 좋아하는 식재료가 흔치 않지요.
두부, 달걀, 콩나물, 양배추는 누구나 부담 없이 먹을 수 있는 데다
몇 천원이면 며칠간 다양한 메뉴를 상에 올릴 수 있는 고마운 식재료입니다.
늘 먹는 한식 반찬이 지겨워진다면 소스나 양념, 조리법을 조금만 달리해보세요.

두부카레구이

재료 두부 1모, 쇠고기(우둔살) 채 썬 것·양파 채 썬 것 20g씩, 방울토마토 4개, 전분·카레가루 2큰술씩,
어린잎 채소·발사믹 글레이즈·식용유 적당량씩, 소금·파슬리가루·후춧가루 약간씩
고기 밑간 맛간장 ½큰술, 맛술 1작은술, 마늘 다진 것·후춧가루 약간씩

만드는 법

1. 두부는 네모나게 썰어 소금과 후춧가루로 밑간한다.

2. 전분과 카레가루를 섞어 두부의 앞뒤 면에 묻힌다.

3. 달군 팬에 식용유를 두르고 2의 두부를 굽는다.

4. 핏물을 제거한 쇠고기에 밑간 재료를 모두 넣고 섞는다.

5. 달군 팬에 식용유를 두르고 양파를 볶은 뒤 쇠고기, 파슬리가루를 넣고 함께 바짝 볶는다.

6. 구운 두부 위에 쇠고기, 양파, 어린잎 채소, 방울토마토를 올리고 발사믹 글레이즈를 뿌린다.

│ tip. 발사믹 글레이즈가 없다면 발사믹 식초를 설탕과 함께 졸여 소스로 사용해도 좋다.

토 마 토 달 걀 볶 음

재료 달걀 2개, 베이컨 2줄, 토마토 1개, 우유 2큰술, 식용유 적당량, 소금·후춧가루 약간씩

만드는 법

1. 토마토는 십자로 칼집을 내어 끓는 물에 살짝 담갔다 건져 껍질을 벗기고 먹기 좋은 크기로 썬다.

2. 베이컨은 바삭하게 구워 기름기를 제거한 뒤 잘게 썬다.

3. 볼에 달걀과 우유를 풀고 소금, 후춧가루로 간한다.

4. 달군 팬에 식용유를 두르고 토마토를 넣어 볶다가 소금, 후춧가루로 간한다.

5. 팬에 다시 식용유를 두르고 달걀물을 부어 저어가며 볶아 스크램블을 만든 뒤 토마토와 베이컨을 넣고 한 번 더 볶는다.

tip. 취향에 따라 마지막에 파슬리가루나 후춧가루를 뿌려도 좋다.

재료　콩나물 200g, 무 150g, 멸치국물 5컵, 소금 1큰술, 국간장·마늘 다진 것 약간씩

만드는 법

1. 콩나물은 깨끗이 씻고 무는 채 썬다.

2. 냄비에 무를 깔고 콩나물을 얹는다.

3. 멸치국물을 붓고 마늘을 넣은 뒤 뚜껑을 연 채로 센 불에 끓인다.

4. 소금으로 간하고 뚜껑을 덮어 한소끔 더 끓인다. 입맛에 따라 싱거우면 국간장으로 간한다.

tip. 여름에는 시원하게 냉국으로 먹는다.

07

쌀쌀한 바람이 불면 생각나는

* 요즘처럼 영양 과잉의 시대에 보양식을 따로 챙겨 먹는다는 게 아이러니할 수도 있다. 하지만 여름이 지나고 찬 바람 불기 시작하는 가을이 오면 아내로서, 그리고 엄마로서 가족들에게 뭔가 기력을 채워줘야만 할 것 같은 기분이 드는 건 어쩔 수 없다. 언제부터인가 가을이란 계절이 있었나 싶을 정도로 여름이 지나자마자 곧바로 추위가 기승을 부리는 겨울이 시작되면서부터 더 그런 생각이 든다.

월동 준비는 사골, 꼬리, 도가니 등 몸보신에 좋은 재료를 진하게 끓이는 것으로부터 시작된다. 품질 좋은 식재료를 꼼꼼히 골라 사는 건 기본이다. 동네의 단골 정육점 사장님과 평소 돈독하게 지내면 제 때에 좋은 식재료를 구입할 수 있으니 음식을 더욱 맛있게 할 수 있다.

뼈나 도가니는 우선 찬물에 반나절 이상 담가 중간중간 물을 갈아주며 핏물을 충분히 뺀 뒤, 한 번 끓이고 그 물을 버린다. 재탕 삼탕 끓여 한데 섞은 뒤 기름을 걸어내고 지퍼백에 한 번 먹을 분량씩 나눠 담은 후 냉동 보관한다. 이 국물은 필요할 때 꺼내 떡국이나 시래깃국 등 국물 요리에 육수로 활용한다. 이렇게 끓인 국물 요

리는 맛이 있을 뿐만 아니라 반찬을 다양하게 내지 않아도 되어 유용하다. 이제 습관이 되었는지 냉동실 가득 국물을 채워놓으면 겨우내 안심이 된다.

또 다른 우리 집 보양 메뉴는 장어구이다. 장어는 외식을 하면 편하지만 굳이 장어를 사들고 와서 일을 벌인다. 장어 요리는 15년 전쯤 요리 수업에서 처음 배웠는데 그전에는 감히 장어를 집에서 요리할 생각을 단 한 번도 해본 적이 없다. 당시 요리 배우기에 열정을 쏟았던 터라 배우면 배우는 족족 전부 집에서 만들어보곤 했다. 장어 요리는 구운 뼈와 머리로 육수를 내고 이것으로 다레간장을 만드는 과정이 번거롭고 성가시다. 시간이 한참 지난 지금이야 베테랑이 되었지만. 요령이 없을 적엔 집에서 다레간장을 달이다 너무 많은 연기가 나는 바람에 화재경보기가 작동하면서 작은 소란이 벌어진 적도 있다. 물론 지금은 다레간장을 만들 때 경비 아저씨가 벨을 누르는 일은 없어졌지만 말이다. 아무튼 애를 좀 먹더라도 다레간장을 만들어 냉동실에 보관해두면 장어 요리를 할 때 두고두고 쓸 수 있어 편리하다. 장어 하나로 건강에 큰 도움이 될지는 모르겠지만 장어에 다레간장을 잔뜩 발라 앞뒤로 노릇노릇 굽고 있노라면 왠지 건강해지는 것 같아 마음이 뿌듯해진다.

보양식으로 먹을 메뉴는 한꺼번에 많은 양을 만들어두었다가
냉동 보관하면 번거롭지 않아요. 사골국물은
아침 메뉴로 자주 활용합니다.
따끈한 국물과 밥, 그리고 김치만 곁들이면
든든하게 속을 채울 수 있지요.
다레간장도 넉넉히 만들어두었다가 장어 구울 때나
볶음 요리, 무침 요리를 할 때 자주 사용합니다.
한번 만들어 냉동 보관해두면 한동안 먹을 수 있어요.

사
골
곰
탕

재료　쇠고기 사골·잡뼈 1kg씩, 쇠고기(양지머리 또는 사태) 600g, 대파 1대, 소금·후춧가루 약간씩

만드는 법

1. 뼈는 중간중간 물을 갈아가며 8시간 이상 찬물에 담가 핏물을 뺀다.

2. 1의 뼈를 흐르는 물에 씻어 냄비에 넣고 뼈가 완전히 잠길 정도로 물을 부어 15분간 끓인다.

3. 물은 버리고 뼈만 건져 깨끗이 씻는다.

4. 냄비에 뼈를 넣고 물을 가득 담아 센 불에 올려 끓이다가 팔팔 끓어오르면 중약불로 줄인다.

5. 기름을 걷어가며 5~6시간 끓인다.

6. 5에 쇠고기를 넣고 2시간 동안 푹 익힌 뒤 고기는 건지고 육수는 걸러내 따로 담는다.

7. 4~6의 과정을 두 번 더 반복해 따로 두었던 육수와 합친다.

8. 완전히 식힌 뒤 위에 떠 있는 기름을 걷어낸다.

9. 곰탕을 따뜻하게 데워 그릇에 담고 소금, 후춧가루, 송송 썬 대파를 곁들인다.

장어구이

재료　장어(중) 3마리(1kg), 깻잎 10장, 대파(곁들임용) 2대, 래디시 1개, 양파·오이 ½개씩, 적채 ¼통, 생강·무순 약간씩
장어다레간장　흑설탕 50g, 간장·맛술·장어국물 1컵씩, 청주 ⅓큰술, 후춧가루 약간
장어국물　장어 뼈·머리 3마리 분량, 대파(흰 부분) 4대, 물 5컵, 소금 적당량

만드는 법

1. 장어는 10cm 길이로 썰어 뼈와 머리를 발라낸다. 뼈와 머리에 소금을 뿌려 깨끗하게 씻은 뒤 끓는 물을 부어 기름기를 제거한다.

2. 석쇠에 손질한 장어 뼈, 머리와 대파를 올려 노릇하게 굽는다.

3. 냄비에 2와 분량의 물을 붓고 1컵이 될 때까지 졸여 장어국물을 만든다.

4. 소스 팬에 장어다레간장 재료를 넣고 불에 올려 그 양이 ⅓컵이 되도록 졸인다.

5. 4에 30분간 장어를 재운다.

6. 재운 장어는 석쇠에 4의 장어다레간장을 발라가며 굽는다.

7. 오이는 0.3cm 두께로 반달썰기 하고 나머지 채소는 모두 채 썬다. 채 썬 대파와 생강은 아린 맛을 제거하기 위해 찬물에 씻어 건진다.

8. 구운 장어를 먹기 좋게 썰어 접시에 담고 채소를 곁들인다.

tip. 다양한 곁들임 채소를 준비하기 어려울 때는 깻잎, 생강, 대파만으로도 충분하다.
1~5의 과정을 생략하고 데리야끼 소스에 생강과 술을 끓여 장어다레간장 대신 사용하면 쉽다.

08

혼밥이지만 우아하게

* 사람들은 '집밥'이란 말을 들으면 무엇부터 떠올릴까? 십중팔구 엄마나 아내를 떠올릴 것이다. 하지만 엄마이자 아내이면서 동시에 밥을 짓는 주체인 나로서는 집밥 하면 혼자만의 식탁이 가장 먼저 그려진다. 외부 약속이 없는 날은 점심을 혼자 먹어야 하는 입장에서 나를 위한 밥상은 되도록 근사하게 차리려고 한다. 자기 전에 이를 닦는 것만큼이나 고정적인 내 일상의 일부인데 그 시간이 외롭고 처량하게 느껴지면 너무 슬픈 일이지 않은가.

혼밥을 차리기 위해 일부러 장을 볼 필요까지는 없다. 사실 장을 보고 나면 너무 피곤해져서 밥상을 차릴 기력도 없다. 집에 있는 재료와 늘 쟁여두는 밑반찬만으로도 충분히 근사한 나만의 밥상을 차릴 수 있다. 냉장고 속에 늘 있기 마련인 갖가지 자투리 채소를 한 입 크기로 썰어서 오동통한 우동면을 넣고 고소한 기름에 함께 볶으면 훌륭한 일품요리가 된다. 냉장고 한 켠에 놓인 명란젓의 알을 발라내 밥에 올리고 참기름을 쓰윽 둘러 비벼 먹어도 좋다. 여기에 잘 익은 아보카도가 있다면 껍질과 씨를 제거한 뒤 슬라이스해서 올리면 레스토랑 부럽지 않은 요리가 된다.

냉장고에 미리 만들어둔 장조림이 있을 때 종종 해먹는 메뉴가 바로 숙주장조림 볶음밥인데 혼밥 메뉴로는 그만이다. 어느 레스토랑에 갔다가 알게 된 것으로, 그 맛에 반해 집으로 돌아와 몇 차례 만들어보면서 터득한 메뉴다. 장조림과 숙주를 밥과 함께 볶는 아주 간단한 방법이지만 그 맛은 오래 공들여 만든 여느 메뉴에 비교해도 뒤처지지 않는다. 이 정도면 혼자 먹기에 상차림은 간결하지만 나름 꽤 괜찮은 모습이다.

빨래가 끝나면 설거지를 해야 하고 설거지가 끝나면 집 안 곳곳을 쓸고 닦는 청소를 해야 한다. 끊임없이 이어지는 집안일을 하면서 오롯이 나만을 위한 밥상을 정성 들여 차리는 것은 어쩌면 주부에게 쉽지 않은 일일 것이다. 분주하게 밥상을 차리다 보면 사실 치울 걱정부터 드는 게 현실이기 때문이다. 솔직히 매번 우아하게 밥을 먹지는 못한다. '제일 맛있는 밥은 남이 차려주는 밥'이라는 말도 있지 않은가. 하지만 나 자신을 최고로 대접해야 가족도 남들도 나를 존중해주고 대접해준다는 것을 항상 마음에 새기며 그렇게 하려고 노력하고 있다. 밥상이란 사실 이렇듯 많은 의미를 지닌 것이다.

혼밥을 색다르게 먹는 비법이 있습니다.
냄비째 가져다 놓지 말고 제대로 접시에 담아서 먹을 것!
평상시 자주 사용하지 않던 예쁜 그릇에 담으면
늘 먹던 반찬이지만 또 다른 기분이 듭니다.
남은 밥이나 재료가 있더라도 그대로 먹지 말고 볶음밥이나
볶음면처럼 새로운 메뉴로 다시 만드는 것도 방법이지요.

볶음우동

재료
(1인분)

우동면 1봉지, 느타리버섯 100g, 삼겹살 2줄, 마늘 3쪽, 청양고추 1개, 피망·양파 ½개씩, 숙주 ⅓봉지, 양배추 ⅛통, 식용유 1큰술, 가쓰오부시 약간

소스 굴소스 3큰술, 간장 2½큰술, 우스터소스·생강술 2큰술씩, 케첩 4작은술, 설탕 3작은술, 전분 2작은술, 참기름 1작은술, 소금 약간

만드는 법

1. 피망, 양파, 양배추는 채 썰고 느타리버섯은 가닥가닥 찢고 청양고추는 어슷하게 썬다.

2. 삼겹살은 한 입 크기로 썰고, 마늘은 편으로 썬다.

3. 볼에 소스 재료를 넣고 고루 섞는다.

4. 끓는 물에 우동면을 데친 뒤 3의 소스 1큰술을 넣고 버무린다.

5. 달군 팬에 식용유를 두르고 삼겹살, 마늘을 넣어 볶다가 나머지 채소를 넣고 볶는다.

6. 버무려둔 면을 넣고 3의 소스 2~3큰술을 더해 좀 더 볶은 뒤 접시에 담고 가쓰오부시를 얹는다.

명란비빔밥

재료
(1인분) 밥 1공기, 명란젓 1조각(30g), 상추 2장, 양파 ¼개, 당근 ⅛개, 어린잎 채소 한 줌, 식용유 1큰술, 김가루·영양부추 약간씩
명란 양념 참기름 1큰술, 실파 다진 것 ½큰술, 마늘 다진 것 ½작은술, 후춧가루 약간

만드는 법

1. 양파, 당근, 상추는 곱게 채 썬다.

2. 영양부추는 5cm 길이로 썰고 어린잎 채소는 깨끗이 씻는다.

3. 명란젓은 껍질을 제거하고 알만 발라낸 뒤 명란 양념 재료를 넣고 고루 섞는다.

4. 달군 팬에 식용유를 두르고 당근을 볶는다.

5. 그릇에 밥과 채소, 명란젓을 담고 김가루를 올린다.

tip. 무말랭이나 매실, 마늘종 등 장아찌류를 다져 넣거나 아보카도를 넣어도 맛있다.
기호에 따라 달걀노른자를 올려도 좋다.

숙주장조림볶음밥

재료
(1인분)
밥 1공기, 쇠고기 장조림 70g, 숙주 ⅓봉지, 파 다진 것 · 마늘 다진 것 · 올리브유 ½큰술씩,
어린잎 채소 적당량, 소금 · 후춧가루 약간씩

만드는 법

1. 달군 팬에 올리브유를 두르고 파,
   마늘을 볶아 향을 낸다.
2. 1에 밥을 넣고 고슬고슬하게
   볶은 뒤 잘게 찢은 장조림을 넣고
   볶는다.
3. 숙주는 깨끗하게 씻어 물기를 뺀
   뒤 2에 넣고 함께 볶는다.
4. 3에 장조림 간장, 소금, 후춧가루를
   뿌려 간을 맞춘다.
5. 그릇에 볶음밥을 담고 어린잎
   채소를 올린다.

09

삼시 세끼 밥상 풍경

* 밥상 차리기는 종합예술에 가깝다. 먼저 계절, 날씨, 가족의 건강 상태와 취향, 근래의 식단, 냉장고 속의 재고 상태까지 고려한 뒤 치밀한 전략하에 통찰력을 갖고 오늘의 식단을 구상한다. 여기에다 시장에 나온 식재료의 종류와 상태, 가격과 주머니 사정이라는 변수까지 조합해 순발력 있게 결단을 내린다. 다음은 확보한 재료를 가지고 요리 솜씨를 발휘하는 실전에 돌입한다. 이때 승부를 가르는 것이 바로 시간이다. 음식 조리는 마치 시간예술인 무대 위의 연주와 같다. 차가운 것은 더욱 차갑게, 뜨거운 것은 더욱 뜨겁게, 바삭한 것은 먹기 직전에… 제각각으로 흐르는 시간을 잘 조절해가며 맛을 극대화시키는 비법들을 구현해낸다. 재료들을 지휘해서 한 곡의 교향악을 만들어내는 것과 같은 힘든 여정 끝에 비로소 한 끼의 밥상이 탄생한다.

그런데 거장의 이 피나는 종합예술에 오점을 남기는 자가 있으니 바로 밥상을 받는 사람이다. 밥을 먹으러 집에 들어오는지 안 오는지, 오면 언제 올 건지 전화 한 통, 문자 하나 없는 밥상 주인을 하염없이 기다릴 때면, 미운 마음에 '다시는 정성 들여 밥상을 차리지 말아야지' 하는 생각이 절로 든다. 가장 맛있는 한 끼를 주고 싶

은 아내의 마음은 도대체 생각이나 하는 걸까? 남편이 공직에 몸담으면서 계획된 공식 일정을 미리 확인할 수 있기 전까지 식사 시간을 두고 벌이는 신경전은 계속되었다.

연애와 신혼 기간이 눈 깜짝할 사이 지나가고 연년생 아들 둘의 부모가 된 우리 부부. 남편은 변호사 일 외에도 인권운동이니 시민운동이니 하는 일에 여념이 없었고, 나는 집안 살림을 도맡아 하며 거친 두 사내아이를 키우느라 늘 지쳐 있었다. 부부의 연을 맺고도 충분히 서로를 바라보며 헤아릴 여유가 좀처럼 없었던 우리는 초보 부부로, 초보 부모로 한없이 서툴기만 해서 티격태격 싸울 일도 참 많았다. 그런데 남편은 나와 다툰 직후에도 밥을 찾았다. 아니, 다투는 도중에도 밥때가 되면 일단 밥을 먹자고 했다. 나와의 갈등 해결보다 밥이 더 중요해 보이는 듯한 그의 태도에 기가 막히고 어이가 없어 "지금 밥이 넘어가느냐"며 따지기도 했다. 화가 나서 밥을 안 차려주려면 그전까지 첨예하게 다투던 내용은 모두 초기화되고, 오로지 '밥'을 안 줬다는 것 하나만으로 다시 다툼이 시작되었다. '당신에게 도대체 밥이 뭔데? 왜 나만 보면 밥 타령이야? 내가 무슨 밥 주는 기계야? 싸움의 주제가 왜 밥으로 바뀌는데?' 이런 말을 대부분 속으로 삭였지만 입 밖으로 뱉은 적도 더러 있었다.

세월이 흘러 부부로 가정을 이루고 산 지 어느새 27년. 우리는 여전히 함께 밥을 먹는다. 밥을 함께 먹는 시간이 우리 부부에겐 식구임을 확인하는 가장 중요한 시간이다. 어느 날부터인가 나는 다투면서도 밥상을 차린다. 싸움을 잠시 중단하고 냉전 상태로 말없이 함께 밥을 먹고 밥상을 치운 후에 2라운드 공이 울린 링 위의 권투 선수처럼 다시 이어 싸운다. 부부의 갈등마저도 일시정지 시켜버리는 밥이란 우리에게 대체 뭘까? 우리 집 밥상에 특별한 원칙이 있는 건 아니지만, 대체적인 윤곽은 있다. 4인 4색 제각각이던 기호가 스며들어 균형과 조화를 이루었다고나 할까? 실은 내 가이드라인에 따라 세 남자를 잡고 끌어다 맞추었는지도 모른다.

하루 세끼 모두 챙기는 우리 집의 아침 메뉴 중 밥 다음으로 많은 게 눌은밥이다. 회식이 잦은 남편과 때때로 저녁을 늦게 먹은 아이들을 위해, 그리고 속이 더부

룩하거나 아침 생각이 별로 없을 때 이만한 차림이 없다. 잡곡이 섞인 누룽지를 따로 만들어놓았다가 쌀 누룽지와 함께 끓이기도 한다. 나와 아이들은 간단히 김을 곁들여 먹는 걸 좋아하지만 남편은 항상 '눌은밥에는 고추찜'을 찾는다. 남편은 매운 고추를 골라내는 데 남다른 촉이 있다. 나는 아무리 설명을 들어도 구분이 쉽지 않아 남편과 함께 꽈리고추찜을 먹다 보면 매운 고추는 항상 내 차지다. 매운 고추를 씹고 눈물 맺히는 나를 보면, 얄미울 정도로 안 매운 것만 골라 먹던 남편이 그제야 또 한 번 안 매운 고추 식별법을 침 튀기며 설명하고는 안 매운 고추 하나를 골라 내 입에 쏙 넣어준다. 밀가루를 입혀 쪄낸 꽈리고추는 부드럽고 감칠맛이 난다. 찜 요리는 손이 많이 가기 때문에 아침상에 내기가 꺼려지는데 우리 집에서는 눌은밥에 어울리는 꽈리고추찜만은 예외다.

출근도 등교도 없는 주말이면 늦잠을 자고 아이들과 느긋하게 아점으로 핫샌드위치를 만들어 먹곤 했다. 밥상 차리기 부담스러울 때나, 아이들과 남편의 입맛을 돋우기 위해 별식으로 종종 준비하는 메뉴. 차가운 샌드위치도 따뜻하고 든든하게 먹고 싶어 만들게 됐는데 아주 오래전 미국으로 이민 간 사촌동생에게 배운 것이다. 고등학교 때 이민을 가 일하러 나가신 부모님을 대신해 남은 여동생의 끼니를 챙기다 보니 이런 국적 불명의 음식이 탄생했다는데, 국적 없는 음식이라도 만들기 쉽고 영양가 높은 데다 맛있으면 그만 아닌가?

육류보다 채소를 좋아하고, 자극적이지 않은 담백한 음식을 선호하는 남편 때문에 우리 집은 저녁 밥상도 화려하지 않다. 닭볶음탕같이 아이들 좋아하는 고기 반찬 하나 푸짐하게 놓고, 소소한 밑반찬들을 두루 내면 된다. 그래서 우리 집 식단만 보면 '참 간단하네. 쉽겠네' 할 수도 있다. 하지만 채소들로 고기 이상의 맛을 내고 남편의 입맛에 맞추기까지 나름 오랜 고심과 노력이 있었다. 고행과 경험이 축적된 호박무침은 우리 남편이 제일로 손꼽는 채소 반찬이다.

아침은 주로 속을 달랠 수 있는 부드러운 밥이나
눌은밥에 짭조름한 반찬을 곁들입니다.
따끈하고 구수한 눌은밥은 간단하면서도
속이 편해 누구나 좋아하는 메뉴예요.
주말에는 빵을 준비해서 밥 위주로 된
식단에 변화를 주기도 합니다.

가끔 브런치를 먹는데 샌드위치에 직접 만든
주스를 함께 내어 영양에 부족함이 없게 합니다.
그리고 저녁상에는 생선이나 육류와 함께
채소 반찬을 꼭 곁들입니다.
특히 자주 만드는 메뉴는 호박무침이에요.
호박을 자작하게 지져 새우젓으로 간한 호박무침을 내면
밥이 언제 없어졌는지 모를 정도예요.
고기보다 맛있는 채소 반찬이라고 자부합니다.

아
침
상

놀은밥

꽈리고추찜

눌은밥

재료(2인분) 찬밥 1공기, 물 400ml

만드는 법

1. 팬에 찬밥을 올리고 납작하게 펴서 앞뒤로
   뒤집어가며 구워 누룽지를 만든다.
2. 냄비에 물을 붓고 누룽지를 넣은 뒤 팔팔 끓으면
   5분 정도 더 끓인다.

꽈리고추찜

재료 꽈리고추 200g, 밀가루 2큰술, 통깨 약간
양념장 국간장 2큰술, 고춧가루·물엿·참기름
1큰술씩, 마늘 다진 것 ½큰술

만드는 법

1. 꽈리고추는 꼭지를 떼고 깨끗이 씻는다.
2. 비닐봉지에 꽈리고추와 밀가루를 넣고
   흔들어준다.
3. 김 오른 찜통에 2를 넣고 3〜5분간 찐 뒤 식힌다.
4. 볼에 양념장 재료를 넣고 섞는다.
5. 꽈리고추에 양념장을 넣고 잘 버무린 뒤 통깨를
   뿌린다.

점심상

바나나블루베리주스

핫샌드위치

바나나블루베리주스

재료(2인분) 바나나(소) 2개, 물 1컵, 블루베리(또는 복분자)·우유 ½컵씩

만드는 법
1. 바나나는 껍질을 벗겨 적당히 썬다.
2. 믹서에 바나나, 블루베리, 물, 우유를 넣고 간다.

핫샌드위치

재료   닭고기(안심) 2조각, 크루아상 2개, 양상추·상추 2장씩, 양파 ⅓개, 데리야키 소스 2큰술, 식용유 1큰술,
(2인분)   파 다진 것·마늘 다진 것·생강술 ½큰술씩, 버터 2작은술, 소금·후춧가루 약간씩

만드는 법

1. 크루아상은 반으로 갈라 따뜻하게 굽는다.

2. 닭고기는 채 썰어 소금, 후춧가루, 생강술로 밑간한다.

3. 양상추와 상추는 씻어 물기를 제거한다.

4. 양파는 얇게 채 썬다.

5. 식용유를 두른 팬에 파와 마늘을 볶아 향을 낸 뒤 양파, 닭고기, 데리야키 소스를 순서대로 넣고 볶는다.

6. 크루아상 안쪽 면에 버터를 바르고 상추와 양상추를 깐 뒤 닭고기 볶음을 얹는다.

저녁
상

멸치아몬드볶음

닭볶음탕

깻잎찜

애호박새우젓무침

닭볶음탕

재료 닭고기 1kg, 감자 3개, 청·홍고추 2개씩, 양파 1개, 파 1대, 당근 ½개, 물 5컵, 설탕 1큰술
(2인분) **양념장** 고춧가루 4큰술, 마늘 다진 것 3큰술, 고추장·엿간장·생강술·설탕 2큰술씩,
국간장·참기름·올리고당·깨소금·맛술 1큰술씩, 참치액젓 ½큰술, 후춧가루 ½작은술, 소금 약간

만드는 법

1. 껍질을 벗긴 닭고기는 깨끗이 씻어 칼집을 넣고 끓는 물에 데쳐 기름기를 제거한다.

2. 냄비에 다시 물을 붓고 1의 닭고기와 설탕을 넣고 끓인다.

3. 볼에 양념장 재료를 넣고 섞은 뒤 2에 넣는다.

4. 감자, 당근, 양파는 큼직하게 썰고 청·홍고추, 파는 어슷하게 썬다.

5. 2의 닭고기가 반쯤 익으면 감자를 넣어 익히고 당근, 양파, 고추, 파를 순서대로 넣고 중불에서 졸인다.

멸치아몬드볶음

재료   잔멸치 150g, 아몬드 슬라이스 100g
           볶음 양념 올리브유·꿀 2큰술씩, 고추기름·설탕
           1큰술씩, 맛간장 ½큰술

만드는 법

1. 멸치는 체에 쳐서 불순물을 걸러내고 팬에
   볶는다.
2. 팬에 아몬드를 넣고 볶는다.
3. 볶음 양념 재료를 팬에 넣고 약불에서 윤기 나게
   끓인다.
4. 3에 멸치와 아몬드를 넣고 고루 버무린다.

> tip. 불을 끈 후에 재료와 양념을 버무려야 오래 보
> 관해도 딱딱하게 굳지 않는다.

애호박새우젓무침

재료   애호박 1개, 양파 ½개, 멸치국물 ½컵, 새우젓 1큰술,
        들기름·마늘 다진 것 ½큰술씩, 소금 약간

만드는 법

1. 애호박은 두툼한 부채꼴로 썰고 양파는 채 썬다.
2. 냄비에 들기름을 두르고 애호박, 양파, 마늘을
   넣고 살짝 볶는다.
3. 2에 멸치국물을 붓고 뚜껑을 덮어 뭉근하게
   끓여준다. 끓기 시작하면 뚜껑을 열고 중불에서
   5~6분간 끓인 뒤 새우젓으로 간을 한다.
4. 국물이 자작해지면 소금으로 간하고 불을 끈다.

깻잎찜

재료 깻잎 80장, 잔멸치 30g, 청양고추 1개, 양파 ½개, 멸치다시마국물 1컵, 통깨 약간
양념장 맛간장 5큰술, 멸치액젓 4큰술, 멸치국물·고춧가루 3큰술씩, 파 다진 것·마늘 다진 것 2큰술씩, 깨소금·참기름 1큰술씩

만드는 법

1. 깻잎은 한 장씩 씻은 뒤 채반에 밭쳐 물기를 뺀다.

2. 멸치는 머리와 내장을 다듬고 팬에 볶는다.

3. 청양고추와 양파는 잘게 다진다.

4. 볼에 양념장 재료와 다진 채소를 넣고 고루 섞는다.

5. 냄비에 깻잎 3~4장마다 양념장과 멸치를 올리며 번갈아 층층이 쌓는다.

6. 5에 멸치다시마국물을 붓고 중불에서 약 5~6분간 찐다.

7. 약불로 줄인 뒤 양념장을 끼얹어가며 조금 더 졸인다.

8. 국물이 자작해지면 불을 끄고 접시에 담아 통깨를 뿌린다.

아내의 밥상

요리는 그 음식을 먹는
사람 생각에서부터 시작된다.
어떤 요리를 할지 고민하는 동안
머릿속은 그 사람이 무얼 좋아하고
싫어할지에 대한 생각으로 가득 찬다.
메뉴 선정이 끝나면 재료를 고르고
다듬는 일에 정성을 들인다.
직접 만든 양념과 국물로 요리를 완성하는 순간,
이제 마음을 전달하는 일만 남는다.
사랑하는 가족을 위해 음식을 준비하는
즐거움이야말로 곧 행복이라는 사실을
새삼 깨닫는다.

남편의 입맛을 바꾼 마법의 양식

* 경상도 산골에서 유년 시절을 보내고, 초등학교 졸업과 동시에 공장 노동자로 일하며 넉넉지 못한 환경에서 자란 남편은 '양洋'자가 들어가는 모든 것과 거리가 멀었다. 상황이 이렇다 보니 식성 또한 한식에 길들여져 있었다.

신혼 시절, 채소라면 뭐든 안 가리고 좋아하는 남편 앞에 양상추를 내놓았더니 "무슨 상추가 이리 두꺼워?" 하며 놀라는 것이 아닌가. 알고 보니 그날 양상추를 처음 본 것이었다. 하지만 이내 한 입 베어 물고는 그 아삭한 식감에 반한 다음부터 양상추는 우리 집 가성비 최고의 단골 식재료가 되었다.

아이들이 유치원에 들어가기 전의 어린이날이었다. 남편과 가깝게 지내는 동료 변호사의 가족들과 함께 어린이대공원에 다녀오게 되었다. 태어나 처음 가본 놀이동산에서 한껏 에너지를 발산해버린 두 아이는 돌아오는 차 안에서부터 꿈나라에 빠져 있었다. 그런데 남편은 집으로 돌아온 초저녁부터 새벽까지 배탈로 죽을 고생을 하는 게 아닌가. 평소 장에 별 탈이 없던 남편인 터라 이토록 심하게 앓는 모습을 본 건 처음이었다. 그때 남편이 내놓은 진단. "피자 때문에 탈이 났나 봐. 오늘 처음

먹어봤거든." 그저 식성이려니 생각하면 그만인데 아랫배를 쓰다듬으며 겸연쩍은 표정으로 말하던 남편의 모습이 어찌나 안쓰러워 보이던지 괜스레 눈물이 핑 돌았다.

아들만 둘을 둔 내게 갑자기 불안감이 엄습했다. '우리 아이들, 식성 까다롭다고 장가도 못 가면 어쩌지' 하고 말이다. 음식을 덜 가리는 사람이 대체로 둥글둥글한 성격일 거라는 근거 없는 확신이 들기 시작하면서 나는 당장 가족들 식성을 고치기 위한 대책을 궁리했다. 그 해법은 여러 요리를 배워 다양한 음식을 맛보게 하는 것. 둘째의 유치원 입학과 동시에 요리 수업을 받았다.

이후 거듭된 양식 상차림에 줄곧 거부감을 표하던 남편이 처음으로 엄지를 들어 올린 메뉴가 바로 라타투이다. 심지어 그 채소 요리는 요즘 왜 안 해주냐며 종종 주문까지 할 정도로 한식 마니아가 달라졌다. 새로운 양식 메뉴를 차려줄 때마다 "내가 무슨 실험 대상이야?"라고 툴툴대다가도 한 입 먹어보고는 "맛있네" 하며 뒷북치는 남편의 패턴은 20년이 지난 지금까지도 변함없이 계속되고 있다.

당시에 양식을 배워둔 덕일까? 다행히 두 아들은 식성 때문에 처가에서 퇴짜 맞을 걱정은 하지 않아도 될 만큼 모든 음식을 골고루 잘 먹는 식성 좋은 남자로 자라났다. 생선을 좋아하는 큰아들은 특히 훈제연어샐러드에 꽂혀 있다. 차가운 소스를 샐러드 위에 뿌려주면 금방 한 접시를 해치운다. 소스만 만들어놓으면 재빠르게 만들 수 있기 때문에 큰아들의 간식뿐만 아니라 손님상을 차리느라 여러 음식을 한꺼번에 준비할 때 요긴한 메뉴다.

지글지글 굽는 소리와 고소한 향기에 이끌려 요리가 완성될 때까지 오븐 앞을 지키고 서 있던 둘째가 손꼽는 메뉴는 치킨그라탱이다. 케첩을 좋아하지 않는 나의 식성 탓에 케첩을 맛볼 일이 거의 없지만, 치킨그라탱만큼은 케첩을 듬뿍 넣고 만들어야 그 맛이 잘 살아난다. 한꺼번에 넉넉히 준비해 여러 개의 오븐용 그릇에 담아두었다가 하나씩 구워주면 며칠간 끼니 걱정은 저 멀리 사라진다. 밀가루 음식보다는 밥을 먹고 싶은 엄마 마음도, 모차렐라 치즈라면 자다가도 눈을 번쩍 뜨는 아이들도 모두 만족시키는 소중한 메뉴다.

치킨그라탱, 라타투이 같은 토마토 베이스의
메뉴는 느끼한 서양식 메뉴에 거부감
있는 사람들의 입맛에도 잘 맞아요.
닭, 베이컨, 새우, 쇠고기와 같은 재료를 바꿔
넣어가며 만들면 다양한 느낌으로 맛볼 수 있어요.
샐러드-스테이크-그라탱 순으로 코스를 차려도 좋고,
샐러드, 라타투이, 치킨그라탱을 넉넉히 만들어
큰 접시에 담아 뷔페식으로 덜어 먹도록 준비하면
손님상 메뉴로도 손색이 없습니다.

안심스테이크

재료 쇠고기(안심) 250~300g 4조각, 마늘 10쪽, 양송이버섯 8개, 미니 파프리카(빨강·노랑) 4개씩,
주키니 호박·가지 ½개씩, 올리브유 8큰술, 버터 4큰술, 홀그레인 소스 3큰술, 소금·후춧가루 약간씩

만드는 법

1. 냉장 보관한 고기는 실온에 20~30분 두어 찬기를 빼고 핏물을 제거한다.

2. 쇠고기에 소금과 후춧가루를 뿌리고 올리브유를 앞뒤로 발라 30분간 재워둔다.

3. 달군 팬에 올리브유, 버터를 두르고 고기에서 치익 소리가 나게 기름을 끼얹어가며 앞, 뒤,
   옆면을 굽는다.

4. 구운 고기는 쿠킹포일을 덮어 잠시 식혀 레스팅한다.

5. 마늘은 저며 썰고 호박, 가지, 파프리카는 길게 슬라이스한다. 양송이버섯은 2등분으로 썬다.

6. 고기를 구운 팬에 4의 채소를 굽는다.

7. 접시에 구운 고기와 채소를 담고 홀그레인 소스를 곁들인다.

tip. 고기를 구운 뒤 실온에 두고 잠시 기다리는 레스팅resting은 육즙이 빠지는 것을 방지하여 고기를 좀
더 촉촉하고 부드럽게 한다.

라타투이

재료 베이컨 120g, 청·홍피망 100g씩, 양송이버섯 6개, 홀토마토 4개, 셀러리 1대, 토마토·치킨스톡 1개씩, 주키니 호박·가지 ½개씩, 양파 ⅓개, 올리브유 4큰술, 마늘 편 썬 것 3쪽 분량, 바질 말린 것 1큰술, 소금·후춧가루 약간씩

만드는 법

1. 베이컨, 피망, 셀러리, 호박, 가지, 양파는 사방 3~4cm 크기로 썬다.

2. 양송이버섯은 4등분으로 썰고 홀토마토와 토마토는 큼직하게 썬다.

3. 팬에 올리브유를 두르고 마늘을 볶은 뒤 셀러리를 제외한 1의 재료와 양송이버섯을 넣고 함께 볶는다.

4. 깊은 팬에 홀토마토, 토마토, 셀러리를 넣고 끓이다가 끓어오르면 치킨스톡과 3을 넣고 저어준다.

5. 바질, 소금, 후춧가루를 넣어 간을 하고 센 불에 국물이 자작해질 때까지 끓인 뒤 접시에 담는다.

tip. 남은 라타투이에 모차렐라 치즈를 얹어 오븐에 구우면 또 다른 요리가 된다.
재료에 미트볼을 추가하거나 바게트를 곁들여 먹어도 좋다.

훈제연어샐러드

재료 훈제연어 12줄, 양상추 ½통, 케이퍼 ½큰술, 무순 약간
소스 파인애플 슬라이스 2조각, 마요네즈 5큰술, 피클 다진 것ㆍ설탕 2큰술씩,
양파 다진 것ㆍ우유ㆍ연겨자 1큰술씩, 레몬즙 ½큰술, 소금 ¼작은술

만드는 법

1. 믹서에 소스 재료를 넣고 갈아서 냉장고에 차게 보관한다.

2. 훈제연어는 한 입 크기로 썬다.

3. 양상추는 씻어 물기를 뺀 뒤 한 입 크기로 뜯는다.

4. 접시에 양상추와 연어, 케이퍼, 무순을 올리고 소스를 끼얹는다.

치킨그라탱

재료 왕새우 2마리, 밥 2공기, 화이트 와인 100ml, 모차렐라 치즈 150g, 닭고기(안심) 100g, 햄·자숙새우 50g씩,
(2인분) 양파 ⅓개, 올리브유 2큰술, 오레가노·파슬리가루·소금·후춧가루 약간씩
소스 케첩 4큰술, 바비큐 소스 2큰술, 우스터소스 1큰술, 소금 약간
화이트소스 우유 1½컵, 버터·밀가루 2큰술씩, 치킨스톡 ½개

만드는 법

1. 팬에 버터를 녹이고 밀가루를 넣어 연한 갈색이 될 때까지 볶은 뒤 우유를 조금씩 풀어가면서 넣는다.

2. 우유가 풀어지면 치킨스톡을 넣고 바르르 끓인다. 끓어오르면 바로 불을 끄고 뚜껑을 덮어 식혀서 화이트소스를 만든다.

3. 센 불에 팬을 달군 뒤 올리브유를 두르고 큼직하게 깍둑썰기 한 양파를 볶는다.

4. 3의 팬에 깍둑썰기 한 닭고기와 햄을 볶다가 자숙새우를 넣는다. 재료가 익기 전에 화이트 와인을 부어 볶은 뒤 소금, 후춧가루로 간한다.

5. 볼에 소스 재료를 넣고 섞는다. 밥과 소스를 섞어 4의 팬에 넣고 오레가노를 뿌려 볶는다.

6. 오븐용 그릇에 화이트소스 ½ 분량을 붓고 볶은 재료를 담는다. 남은 화이트소스를 그 위에 한 번 더 얹는다.

7. 모차렐라 치즈를 듬뿍 올리고 파슬리가루를 뿌린 뒤 왕새우를 얹는다. 230~250˚C로 예열한 오븐에 넣고 13~15분간 굽는다.

02

그리움 배달부

* 우리 부부는 아들만 둘이다. 연년생인 두 아이는 성격이 정반대여서 큰아이를 키운 경험이 둘째를 다루는 데 별 도움이 되지 못했다. 참 달라 보이던 두 아들은 고등학교 졸업 후 똑같이 재수를 하더니 같은 대학을 갔다.

집에서 학교까지는 대중교통으로 편도 한 시간 반이 넘게 걸린다. 속으론 자유와 방임을 꿈꾸면서 겉으론 통학의 어려움을 내세워 애타게 자취를 호소하는 큰아들의 요구를 남편은 모질게도 허락하지 않았다. 그러다 아이가 자유와 독립의 꿈을 접을 때쯤 자취를 허락했다. 무슨 큰 결단이나 되는 듯 오랜 고민 끝에 내린 큰아이의 자취 결정과 달리 1년 후 둘째가 곧바로 자취를 시작하자 큰아이는 무척 서운해했다.

한 살밖에 차이 나지 않는 형제지만 큰아이에게는 왜 그리 조심할 일이 많았는지 모르겠다. 아이를 키우면서 겪었던 숱한 시행착오는 대부분 큰아이에게 해당되는 것이었다. 누군가의 말처럼 '나도 엄마로 살아보는 게 처음이니까'라고 변명할 수 있을까? 아무튼 철없는 나이에 결혼해서 마음의 준비도 없이 연달아 둘을 낳아

버린, 모든 게 서툴고 버겁기만 하던 엄마였지만 아이들은 바르게 자라주었다.

　가끔 집 떠난 아이들 생각에 사무칠 때가 있다. 언젠가는 결혼해서 완전히 곁을 떠나는 날이 올 텐데 그때는 또 어떤 마음이 들지 모르겠다. 특히 오늘은 뭘 먹을까 메뉴를 궁리하다 아이들이 좋아하던 음식이 떠오를 때면 그리움은 더더욱 깊어진다. 때로는 장을 보면서도 아이들이 생각난다. 유독 신선한 채소와 제철 과일 앞을 지나갈 때면 고르지 않은 식단으로 불규칙하게 끼니 때울 아이들이 떠올라 안타깝기만 하다.

　그럴 때면 음식 배달에 나선다. 음식 배달은 그리움과 정성을 담은 엄마의 마음이다. 그런데 웬일인지 집에서는 잘만 먹던 밑반찬도 아이들의 자취방에 가면 처치 곤란한 애물단지로 전락한다. 아무래도 자취방에서는 밥을 차려 먹는 횟수가 적은데다 혼자라 먹는 양도 적어 오래 보관하다 보면 맛이 떨어지고 심지어 상하기도 하기 때문이다. 궁여지책으로 보관에 용이한 반찬을 준비하다 보면 자꾸만 간이 세져, 음식을 하면서도 마음이 편치 않다. 밑반찬 중에서도 황태포무침이나 쇠고기장조림은 아이들이 좋아하고 보관도 쉬운 편이어서 자주 만드는 메뉴다. 등갈비김치찜도 인기 메뉴 중 하나다. 한번에 여러 가지 반찬을 차리지 않아도 되기 때문이다.

　군 입대 기간을 제외하고도 자취 5년, 4년 경력을 지닌 두 아들은 제법 살림꾼이 된 듯 집에 다녀가는 날이면 엄마가 만든 음식뿐 아니라 물티슈며 휴지며 자잘한 집안 살림살이들을 한 짐 챙겨간다. 자취생 나름의 생존 비법을 터득해가는 모양이다. 그런 아들을 보고 있노라면 아들 나이 때 친정에 간 내 모습이 저랬으려나 싶어 슬며시 웃음이 난다.

우리 아이들은 고기 요리를 좋아합니다.
그래서 김치찜에도 등갈비를 넣고 볶음류에도 고기를 넣어요.
오래 보관할 수 있는 짭조름한 조림 메뉴는 밑반찬으로 자주 만들어 보냅니다.
반찬 없을 때 후다닥 구워 먹을 수 있도록 생고기도 포장합니다.
구이용 쇠고기나 삼겹살을 조금씩 비닐에 포장해서 냉동실에 보관하도록 해두면 안심이 됩니다.

황태포무침

재료 황태포 100g, 참기름 2큰술, 통깨 약간
양념장 고추장 2큰술, 고춧가루·올리고당·매실청 1큰술씩, 맛간장 ½큰술, 마늘 다진 것·파 다진 것 1작은술씩, 설탕 ½작은술

만드는 법

1. 황태포는 5분간 물에 불려 물기를 짜고 먹기 좋은 크기로 찢는다.

2. 1에 참기름 1큰술을 넣어 버무린 뒤 팬에 살짝 볶는다.

3. 볼에 양념장 재료를 넣고 섞은 뒤 황태포를 넣고 조물조물 무친다.

4. 3에 나머지 참기름을 넣어 버무린 뒤 통깨를 뿌린다.

쇠고기장조림

재료 쇠고기(홍두깨살) 600g, 메추리알 삶은 것 300g, 꽈리고추 100g, 양송이버섯 10개, 엿간장·간장 ½컵씩, 청주 3큰술, 설탕 1큰술
국물 통마늘 8개, 편마늘·편생강 3쪽씩, 대파 1대, 양파 1개, 무 ¼개, 물 6컵

만드는 법

1. 쇠고기는 찬물에 1시간 이상 담가 핏물을 뺀다.
2. 국물 재료에 쇠고기를 넣고 40~50분 정도 푹 삶는다.
3. 고기는 건져서 결대로 찢고 국물은 체에 거른다.
4. 3의 국물에 메추리알, 꽈리고추, 양송이버섯, 엿간장, 간장, 청주, 설탕과 찢은 고기를 넣고 20분 정도 졸인다.

| tip. 고기를 완전히 익힌 후에 간을 해야 질겨지지 않는다.

등갈비 김치찜

재료 돼지고기(등갈비) 600g, 돼지고기(목살) 300g, 묵은지 ½포기
국물 멸치다시마국물 3컵, 김치국물 3큰술, 국간장·마늘 다진 것 1큰술씩, 설탕 ½큰술
고기 밑간 소금 1큰술, 후춧가루 1작은술

만드는 법

1. 등갈비와 목살은 찬물에 담가 핏물을 제거하고 소금, 후춧가루로 밑간한다.

2. 냄비에 묵은지와 고기를 담는다.

3. 2의 냄비에 국물 재료를 모두 넣고 센 불에 올려 끓인다.

4. 국물이 끓어오르면 불을 약하게 줄이고 국물이 자작해질 때까지 40~50분 정도 은근히 끓인다.

03

도시락통 부자

*　부부 일심동체. 구태의연하지만 결혼 생활을 하다 보면 이토록 맞는 말이 또 있을까 싶다. 어릴 적부터 산전수전 다 겪어온 남편. 남들은 살아가면서 한 번 경험하기도 쉽지 않은 범상치 않은 일들이 계속 그를 따라다녔다. 그리고 그 풍파는 동반자인 나에게까지 고스란히 닥쳐왔다.

2002년 남편이 수배, 구속되었다. 부정부패에 맞서 시민운동을 하던 중 특혜 비리를 파헤치다가 억울하게 누명을 쓴 것이다. 당시 고작 열 살 안팎의 두 아이와 덩그러니 남겨진 나는 무엇을 먹었고 아이들에게 무엇을 먹이며 지냈는지조차 기억나지 않는다. 그리고 그때 느꼈던 상실감과 슬픔을 어떻게 헤집고 나왔는지도 까마득하다. 감당하기에 너무 벅찼기 때문이리라.

이후 몇 차례의 선거 경험으로 나도 모르는 사이 정신력이 단련된 2016년, 이번에는 남편이 단식 투쟁에 돌입했다. 지방자치단체의 자치 분권을 위축시키는 지방재정 개악을 저지하기 위해서였다. 정치인의 배우자가 아닌 남편의 동반자로서 솔직히 말하자면, 슬픔보다 분노가 먼저 치밀었다. 민주주의를 지키기 위해 열심히 일

하는 것은 충분히 이해하지만, 굳이 밥까지 굶으면서 그것도 사방이 뻥 뚫린 광화문 네거리에 앉아 미련스러운 방법으로 해야 한다는 것에는 절대 동의할 수 없었기 때문이다. 남편이 원하는 대의는 멀찌감치 내팽개친 채 '이제 나이도 적지 않은데 몸이라도 망가지면 우리 가족만 손해 아닌가' 하는 속물적인 생각마저 들었다.

남편이 단식하는 동안 나는 한 번도 광화문에 가지 않았다. 아니, 갈 수가 없었다. 길바닥 천막에 누워 굶고 있는 남편을 마주하면 도저히 그를 두고 올 수 없을 것만 같아서. '설마 얼마나 길게 하겠어. 내일이면 끝나겠지. 곧 끝날 거야. 끝나야 돼. 부디'를 열 차례나 반복하고 나서야 남편의 단식은 열하루 만에 막을 내렸다. 그 시간 동안 내 안에서는 남편에 대한 그리움과 야속함, 사랑과 배신감, 애처로움과 미움이 켜켜이 쌓여갔다.

단식을 끝낸 남편에게 보식이 얼마나 중요한지 알고 있기에 인맥과 정보를 총동원해서 남편의 건강 관리에 나섰다. 단식 종료 후 며칠간 남편은 병원에서 주는 유동식으로 식사를 했다. 퇴원 후에는 된죽을 쒀서 주었다. 조금씩 기력을 회복해 정상적으로 출근하게 되면서부터는 몇 달 동안 하루도 빠지지 않고 도시락을 싸주었다. 몇 주간은 진밥을, 다음 몇 주간은 위에 자극이 적은 밑반찬과 국 위주의 일반식을 준비했다.

처음엔 죽을 담을 커다란 보온병을 마련했고, 다음엔 보온 도시락을 사들였다. 그런데 도시락의 반찬통과 국통이 터무니없이 작아 큼직한 반찬통을 따로 하나 더 구입했다. 점차 남편의 일정이 빠듯해지면서 저녁 도시락까지 두 끼를 싸느라 그사이 도시락통은 또 늘어갔다. 몸이 회복되고 식사량이 조금씩 늘어가는 남편을 보니 어떻게든 푸짐하게 먹이고 싶어 과일이나 간식을 담을 용기도 샀다. 덕분에 나는 도시락통 부자가 되고 말았다.

어느덧 육십을 향해 가고 있는 나이, 더 이상 청춘이 아니란 걸 남편이 알면 좋으련만. 뭐든 끝장을 볼 때까지 몰두하고 실행에 옮기는 남편의 강단 있는 성품에 반해 지금껏 같이 살고 있지만, 가끔씩 그의 성품이 못마땅하기도 하다. 이런 소리를 하면 남편의 큰 뜻을 헤아리지 못하는 속 좁은 아내가 되는 걸까? 그러라지 뭐.
속 좁은 아내지만 도시락만큼은 통 크게 싸련다.

몸이 회복하고 기력을 찾을 수 있도록
3단계에 걸쳐 도시락을 준비했어요.
죽과 진밥, 일반 밥의 단계로 회복 상태에 따라
다른 밥을 준비하고 반찬도 덜 자극적인 것부터
시작해 조금씩 양을 늘려갔습니다.
다이어트가 목적이거나 위장이 좋지 않은 경우
하루에 한 끼는 1, 2단계의 도시락을 준비해보세요.
3단계는 나들이 도시락으로 활용해도 좋습니다.

1
단
계

영양죽

나박김치

영양죽

재료 쌀 불린 것 1컵, 쇠고기 간 것 40g, 팽이버섯·새우·조갯살 30g씩, 양파·표고버섯·시금치 데친 것 25g씩, 당근 10g,
(2인분) 달걀노른자 1개, 물 6컵, 참기름·깨소금 약간씩

만드는 법

1. 팽이버섯, 새우, 조갯살, 양파, 표고버섯, 시금치, 당근은 곱게 다진다.

2. 팬에 참기름을 두르고 쌀과 쇠고기를 넣어 볶는다.

3. 고기가 익으면 분량의 물을 넣고 나무 주걱으로 저어가며 약불에서 은근히 끓인다.

4. 쌀알이 풀어지면 팽이버섯을 제외한 1의 재료를 모두 넣고 끓인다.

5. 팽이버섯과 달걀노른자를 넣고 조금 더 끓인 뒤 불을 끈다.

6. 그릇에 죽을 담고 참기름, 깨소금을 살짝 뿌린다.

| tip. 소금 간은 입맛에 맞게 조절할 수 있도록 따로 준비해 낸다.

나박김치

재료 무 200g, 배추 150g, 배·양파 1개씩, 오이 ½개, 당근 ⅓개, 물 10컵, 고춧가루·소금 4큰술씩,
마늘 다진 것·생강 다진 것·설탕 ½큰술씩, 미나리 약간

만드는 법

1. 무는 나박나박 썰고 배추도 무와 비슷한 크기로 썬다. 소금에 무와 배추를 20~30분간 절인다.

2. 배 ½개, 양파는 믹서에 곱게 간 뒤 면포에 넣고 즙을 짠다.

3. 마늘, 생강을 물 2컵에 풀어 면포에 넣고 즙을 짠다.

4. 고춧가루를 물 2컵에 풀어 불린 뒤 면포에 넣고 즙을 짠다.

5. 미나리는 3~4cm 길이로 썰고 나머지 배는 나박나박 썬다. 오이, 당근은 반달썰기 한다.

6. 무, 배추, 배, 오이, 당근을 볼에 담고 2, 3, 4의 즙과 물 6컵을 붓는다.

7. 소금과 설탕으로 간하고 미나리를 넣는다.

| tip. 먹기 전에 사과를 썰어 넣어도 맛있다.

2
단
계

진밥

쇠고기뭇국

양배추찜

김치볶음

달걀말이

진밥

재료 쌀 불린 것 1컵, 물 300ml
(2인분)

만드는 법

1. 압력솥에 쌀과 물을 넣는다.

2. 센 불에 압력솥을 올린 뒤 추가 완전히 올라오면 약불에서
   15분 끓이고 불 끄고 5분간 뜸을 들인다.

쇠고기뭇국

재료 무 400g, 쇠고기(양지머리) 300g, 대파 3대, 물 1.5L,
물(핏물 제거용) 600ml, 설탕·국간장 3큰술씩, 마늘
다진 것 1큰술, 소금 ½작은술, 후춧가루 약간

만드는 법

1. 큰 볼에 핏물 제거용 물을 붓고 설탕을 넣은 뒤
   쇠고기를 20~30분 정도 담가 핏물을 뺀다.

2. 냄비에 물을 붓고 고기를 넣고 끓이다가 끓기
   시작하면 거품을 걷어내고 중불에서 40~50분
   정도 끓인다.

3. 고기를 건져내고 국물만 체에 걸러 국간장,
   마늘을 넣고 소금으로 간한다.

4. 건져낸 고기, 무를 납작하게 썰어 3의 국물에
   넣고 10분간 끓인다.

5. 그릇에 국을 담고 대파를 어슷하게 썰어 올린
   뒤 후춧가루를 뿌린다.

tip. 설탕물에 고기를 담가두면 단시간에 핏물을
제거할 수 있다.

달걀말이

재료 달걀 5개, 양파 30g, 당근 20g, 멸치다시마국물
(2인분) ⅓컵, 참기름·소금 ½큰술씩, 식용유 약간

만드는 법

1. 양파와 당근은 잘게 다진다.
2. 달걀은 풀어 체에 거른 뒤 멸치다시마국물,
   1의 채소를 넣고 참기름과 소금으로 간한다.
3. 달군 팬에 식용유를 두르고 키친타월로
   닦아낸다.
4. 2를 팬에 붓고 젓가락으로 살짝 만 뒤 팬의
   안쪽으로 옮긴다. 다시 팬에 식용유를 두르고
   달걀물을 부어 돌돌 만다.
5. 4의 과정을 반복하며 두툼하게 달걀을 만다.
6. 5를 김발로 감아 모양을 잡은 뒤 식혀서
   도톰한 두께로 썬다.

김치볶음

재료 배추김치 1컵, 양파 ½개, 쪽파 약간
(2인분) **볶음 양념** 올리고당·들기름 1큰술씩, 통깨 약간

만드는 법

1. 김치는 물에 헹궈 양념을 씻어내고 물기를 짠
   뒤 송송 썬다.
2. 양파, 쪽파도 송송 썬다.
3. 달군 팬에 들기름을 두르고 중불에서 김치와
   양파를 볶다가 볶음 양념을 넣고 살짝 더
   볶는다.
4. 3에 쪽파를 올린다.

양배추찜

재료 양배추 잎 5장
(2인분) **쌈장 양념** 고춧가루·고추장·된장·양파 다진 것
1작은술씩, 올리고당·참기름 ½작은술씩

만드는 법

1. 양배추는 잎을 한 장씩 떼어내 깨끗이 씻는다.

2. 끓는 물에 양배추를 한 잎씩 넣고 데쳐 찬물에
   담가 식힌다.

3. 볼에 쌈장 양념 재료를 넣고 섞는다.

4. 2를 적당한 크기로 자르고 쌈장을 곁들여
   낸다.

tip. 양배추의 아삭한 식감을 좋아해 데치는 것을
선호한다. 기호에 따라 쌈장에 견과류를 첨가해도
된다.

아욱국

우엉주먹밥

전복채소볶음

부추전

아욱국

재료 아욱 ½단, 홍새우 15g, 대파 1대, 청양고추 1개, 멸치국물 5컵, 된장 2큰술, 소금 약간
(2인분)

만드는 법

1. 아욱은 억센 부분을 손질하고 바락바락 치대서 맑은 물이 나올 때까지 헹군 다음 먹기 좋게 썬다.

2. 냄비에 멸치국물을 넣고 끓이다가 끓기 시작하면 된장을 체에 내려 풀고 아욱을 넣는다.

3. 2에 홍새우를 넣고 뚜껑을 연 채 10분간 끓인다.

4. 대파와 청양고추를 썰어 넣고 한소끔 끓이다가 싱거우면 소금으로 간한다.

전복채소볶음

재료 전복·새우 3마리씩, 생강 5g, 청·홍피망·양파 ⅓개씩, 마늘 1쪽, 버터·참기름 1큰술씩
(2인분) **양념장** 굴소스·맛간장·맛술·청주 1큰술씩, 설탕 ½큰술, 후춧가루 약간

만드는 법

1. 전복은 깨끗이 씻어 껍데기와 내장, 이빨을 제거하고 먹기 좋게 썬다. 새우는 등 쪽의 내장을 빼고 꼬리를 제거한다.

2. 피망, 양파는 사방 3cm 크기로 썰고 생강, 마늘은 슬라이스한다.

3. 달군 팬에 버터와 참기름을 두르고 생강, 마늘을 볶아 향을 낸 뒤 피망과 양파를 넣어 센 불에 볶는다.

4. 볼에 양념장 재료를 넣고 섞는다.

5. 3에 전복, 새우를 넣어 볶다가 양념장을 넣고 색이 살짝 날 때까지 볶는다.

부추전

재료 밀가루 100g, 부추 80g, 멥쌀가루 50g, 양파 30g, 홍고추 1개, 물 1컵, 소금 ⅔작은술, 식용유 적당량
(2인분)

만드는 법

1. 홍고추는 얇게 썬다.

2. 믹서에 부추, 양파, 소금, 물을 넣고 간 뒤 밀가루와 멥쌀가루를 섞어 반죽을 만든다.

3. 달군 팬에 식용유를 두르고 반죽을 한 스푼씩 떠서 올린 뒤 그 위에 홍고추를 한 개씩 얹는다.

4. 앞뒤로 노릇하게 부친다.

우엉주먹밥

재료 밥 2공기, 우엉 30g, 당근 다진 것·쇠고기(우둔살) 다진 것 20g씩, 식용유·깨·참기름·소금 약간씩
(2인분) **고기 양념** 간장 ½큰술, 설탕 ½작은술, 청주·참기름 1작은술씩, 후춧가루 약간
조림장 간장·설탕 1큰술씩, 물엿 1작은술

만드는 법

1. 볼에 고기 양념 재료를 넣고 섞은 뒤 핏물을 제거한 쇠고기를 재운다.

2. 달군 팬에 식용유를 두르고 당근을 볶다가 소금으로 간한다.

3. 우엉은 다진 뒤 식용유를 두른 팬에 넣어 볶다가 조림장 재료를 더해 졸인다.

4. 팬에 식용유를 살짝 두르고 양념한 쇠고기를 볶는다.

5. 고슬고슬하게 지은 밥에 깨, 참기름, 소금을 넣어 섞은 뒤 당근, 우엉, 쇠고기를 넣고 고루 섞는다.

6. 손으로 둥글게 모양을 빚어 주먹밥을 만든다.

04

먹을 수 있는 것과 없는 것

* "모든 식물은 먹을 수 있는 것과 없는 것으로 나뉜다."

남편은 어린 시절을 떠올릴 때마다 이 말을 빠뜨리지 않는다. 남편의 고향은 경북 안동이다. 안동이라곤 하지만 실제로는 영양, 봉화, 안동 3개의 시군이 접하는 청량산 자락 접경의 깊은 산골이다. 그곳은 산길을 한 시간 넘게 걸어야 버스 정류장이 있는 마을에 닿고, 비가 많이 와서 개울이 넘치거나 날씨가 추워 징검다리가 얼어붙으면 학교에 못 갔을 만큼 외진 산골이라고 한다.

남편의 어린 시절은 그저 들로 산으로 개울로 뛰어다닌 기억뿐인 듯하다. 가난한 산골 소년에게는 개울에서 고기 잡고, 참꽃과 먹을 풀을 뜯고, 나무에 올라 열매를 따고, 땅을 파 도라지와 더덕을 캐는 것이 주린 배를 채우는 유일한 방법이었다. 먹을 수 있는 것 이름 앞에는 '참'자가, 먹을 수 없는 것 이름 앞에는 '개'자가 붙었다고 했다. 진달래꽃은 참꽃으로, 진달래를 닮았지만 독이 있어 먹을 수 없는 철쭉은 개참꽃으로 부른다는 것도 그에게 처음 들었다. 개살구도 그런 연유로 생긴 이름인가 보다.

하지만 '개'자가 붙었다고 모두 먹지 않은 것도 아니었다. 길가의 개복숭아는 익

을 때까지 기다릴 수 없어 남들이 따기 전에 씨도 여물지 않은 걸 따 먹었다고 한다. 덜 여문 개복숭아는 쓴맛과 신맛뿐이라서 삶아 먹기도 했단다. 복숭아를 삶으면 무슨 맛이 날까? 남편은 어릴적 추억 때문인지 복숭아를 향한 애착이 남다르다. 복숭아를 먹으면서 여름을 맞이하고 복숭아가 끝나면 여름도 간다. 남편을 생각해서 나는 가장 좋은 복숭아를 사고 늦여름까지 복숭아가 떨어지지 않도록 냉장고를 채워둔다. '냉장고에 싱싱한 과일을 가득 넣어두고 먹고 싶을 때 꺼내 먹는' 그의 소박한 어릴 적 꿈을 이뤄준다는 의미까지 담아서. 정말 먹을 수 있는 것은 다 먹었는지 지금까지 넘치는 체력과 열정을 보면 아마 당시에 캐 먹은 것들 중에 산삼이 있었는지도 모르겠다.

화전을 부칠 때면 종종 남편의 어린 시절 진달래 이야기가 떠오른다. 남편이 생전 처음 산골을 빠져나와 성남에 온 것은 초등학교를 마친 직후였다. 완행열차로 청량리까지 와서 다시 버스를 타고 싸락눈 내리던 새벽, 성남에 도착했다. 빈민과 철거민들이 모여 살던 성남에 자리 잡은 열세 살 꼬마는 한 손으로는 어머니 손을 잡고 또 한 손으로는 도시락을 들고 공장을 다녔다. 차가운 공장 바닥에 앉아 식은 밥 한 덩이와 굳어버린 어묵을 꾸역꾸역 목구멍으로 밀어 넣던 그의 눈에 문득 공장 앞 야산이 들어왔다. 굳게 잠긴 철문과 담벼락 너머 흐드러지게 핀 진달래. 그리고 철문 밖 출근길에 스쳐 지나간 교복 입은 또래 소녀들. 그는 그런 삶에서 어떡하든 탈출하고 싶었다고 한다.

그의 진솔한 내면과 마주하고 싶거나, 나와는 전혀 다른 삶을 살아온 그의 마음을 이해하고 싶을 때는 화전을 부친다. 남편의 이야기를 따라 그 시절로 돌아가 보면 그는 한 집안의 가장도, 100만 도시의 시장도 아닌 그저 여리디여린 소년일 뿐이다.

봄이 오면 화전을 부쳐요.

주로 진달래로 화전을 부치는데 마트에 가면 다채로운 식용 꽃을

구입할 수 있어서 가끔 기분 전환 삼아 색다른 꽃을 쓰기도 합니다.

색이 다른 두세가지 꽃을 사용하면 그 자체로

화려해서 손님 접대 메뉴로도 좋아요.

화전은 그냥 먹어도 좋지만 조청이나 꿀을 살짝 곁들여 내도 좋아요.

출출한 오후에 꿀을 곁들인 따끈한 화전과

차 한잔이면 근사한 티타임이 됩니다.

화전

재료 찹쌀가루 100g, 식용 꽃 1팩, 뜨거운 물 4큰술, 꿀 3큰술, 소금 한꼬집, 식용유 적당량

만드는 법

1. 찹쌀가루에 소금을 섞어 체에 내리고 뜨거운 물을 조금씩 넣어가며 익반죽한다.
2. 동글게 뭉친 반죽을 젖은 면포로 덮고 30분간 숙성시킨다.
3. 2를 한 입 크기로 떼어내 동그랗게 빚고 납작하게 누른다.
4. 달군 팬에 식용유를 두르고 3을 올린 뒤 약불에서 굽는다.
5. 밑면이 살짝 익으면 윗면에 꽃잎을 올리고 뒤집어서 살짝 구운 뒤 꿀과 함께 낸다.

| tip. 진달래와 같은 천연 꽃을 준비할 경우 알러지를 유발할 수 있는 꽃술과 꽃받침을 떼고 사용해야 한다.

05

남편의 생일상

* 　어머니 이야기라면 끝도 없이 어릴 적 일화를 쏟아내는 남편이 아버지에 관해서는 거의 말을 하지 않는다. 남편의 가슴속 어느 한 귀퉁이에 아직까지도 아버지에 대한 회한이 남아 있기 때문이 아닐까. 아버지는 어머니와 어린 자식들을 안동 청량산 자락에 남겨두고 홀연 타지로 떠난 적이 있었다. 남편이 열 살 무렵이었다. 남편과 형제들은 떠난 아버지를 대신해 생계를 위해서 노동을 해야 했다. 감자를 캐고 나무를 하고 콩밭을 일구며 안팎으로 손을 보탰던 것이다. 그래서 다른 친구들처럼 하릴없이 웅덩이에서 수영이나 하며 시간을 보내는 것이 어릴 적 남편의 가장 큰 소망이었다고 한다.

　서너 해 뒤, 아버지로부터 연락이 왔다. 가난한 사람은 가난한 사람끼리 모여야 잘살 수 있다면서 성남이라는 곳에 자리 잡았으니 가족 모두 올라오라는 것이었다. 하지만 성남으로 이사한 뒤에도 가난은 떠날 줄 몰랐다. 밭이라는 일터가 공장과 시장으로 바뀌었을 뿐, 온 가족이 노동에 매달려야 하는 것은 매한가지였다. 초등학교를 갓 졸업한 남편은 낮에는 학교 대신 공장을 다녀야 했고 밤에는 잠을 쫓아가며

공부를 했다. 하지만 돌아오는 것은 아버지의 눈총이었다. 대학을 중퇴한, 당시로서는 좋은 학력으로도 성공하지 못하고 평생 가난을 짊어진 채 살았던 아버님은 공부의 필요성에 의문을 품으셨던 모양이다.

당시 남편이 대학을 가는 유일한 방법은 학력고사에서 상위권 성적을 얻어 등록금을 면제받고 생활지원금을 받는 길뿐이었다. 1981년에 치른 학력고사는 그야말로 그의 운명을 가르는 시험이었다. 속이 타들어가는 궁금증으로 성적표를 받으러 수원교육청으로 가려는 그에게 아버님은 차비가 아깝다며 당신이 가는 길에 대신 받아올 테니 가지 말라고 했지만, 남편은 자신이 직접 성적표를 받으러 갔다고 한다. 웬만한 대학은 갈 수 있는 우수한 성적표를 받아 들고 기쁜 마음으로 돌아간 방안에는 아버지가 갈기갈기 찢어놓은 검정고시 합격증만 남아 있었다.

남편이 사법고시 공부를 하던 중에 아버님의 위암이 재발됐다. 투병 중이시던 아버님은 남편의 사법고시 2차 합격 소식을 듣고 무척 기뻐하셨다. 그러나 이내 병세가 악화돼 3차 면접시험 결과가 나왔을 때는 이미 의식을 잃으셨고, 안타깝게도 남편의 생일날 숨을 거두셨다.

그 때문에 아버님의 제삿날과 남편의 생일날은 매년 나란히 온다. 아버님 제사를 지내느라 늦은 밤까지 바쁘게 일하고 나면, 다음 날인 남편 생일은 뒷전이기 일쑤다. 게다가 전날 마련한 제사 음식이 충분히 남아 있으니 미역국에 떡잡채, 때때로 갈비구이를 준비해 전날 음식과 함께 차려 내는 게 그를 위한 생일상의 전부였다. 조금은 미안한 마음에 미역국이라도 특별히 끓여보자 싶어 만든 것이 성게미역국이다. 성게 알 넣고 보글보글 끓인 성게미역국을 남편은 쇠고기를 넣은 미역국보다 더 좋아한다. 남편이 시원한 국물을 후루룩 마시다시피 한 그릇 비우는 모습을 보면 그를 위해 무언가 작은 선물 하나를 더한 것 같아 마음이 뿌듯해진다.

누군가의 응원 한번 제대로 받지 못하고 스스로의 의지만으로 자신의 길을 개척해온 사람, 어려웠던 과거의 삶을 부정하기보다 자신처럼 억울한 사람이 없는 세상을 만들겠다는 선한 의지를 가진 사람, 누구보다 응원하고 존경하는 사람이 바로 나의 남편이다. 돌아오는 그의 생일에는 그만을 위한 풍성한 생일상을 한번 차려봐야겠다.

미역국에 모시조개를 넣으면 뽀얀 국물이 우러나고
맛이 더욱 깊어져서 따로 고기를 넣지 않아도 됩니다.
특별한 날에는 떡잡채와 갈비구이를 자주 만들어요.
푸짐하기도 하고 신경 쓴 느낌을 줄 수 있어서
생일날이나 손님 초대 요리로 제격이에요.

떡
잡
채

재료 가래떡 300g, 느타리버섯 200g, 쇠고기(우둔살) 채 썬 것 100g, 미나리 5줄기, 표고버섯 2개, 양파 ⅓개, 당근 ¼개,
파 다진 것·참기름·식용유·소금·후춧가루 약간씩
양념장 간장 1큰술, 파 다진 것·꿀 2작은술씩, 참기름·마늘 다진 것 1작은술씩, 깨소금·생강즙·후춧가루 약간씩
떡 밑간 양념 간장 1큰술, 참기름 ½큰술

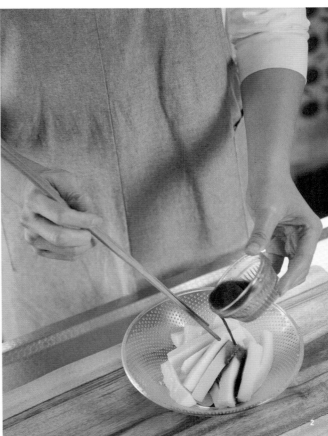

만드는 법

1. 가래떡은 7cm 길이로 잘라 4등분하고 양념장 재료는 미리 섞어둔다.

2. 떡을 끓는 물에 넣어 말랑해질 때까지 삶은 뒤 꺼내서 떡 밑간 양념 재료에 버무린다.

3. 표고버섯은 물에 살짝 불린 뒤 채 썰어 쇠고기와 함께 양념장에 재운다.

4. 느타리버섯은 끓는 물에 살짝 데치고 양파, 당근은 채 썰고 미나리는 6cm 길이로 썬다.

5. 달군 팬에 식용유를 두르고 손질한 4의 채소를 볶다가 파, 후춧가루, 참기름을 넣고 볶은 뒤 소금으로
   간한다.

6. 달군 팬에 3의 쇠고기, 표고버섯을 넣고 볶는다.

7. 모든 재료를 볼에 담고 참기름을 넣어 고루 섞는다.

7

성게미역국

재료 모시조개 200g, 성게 알 60g, 미역 50g, 물 5컵, 참기름·국간장 1½큰술씩, 마늘 다진 것 ½큰술, 참치액젓 1작은술, 소금 약간

만드는 법

1. 미역은 물에 불린 뒤 먹기 좋은 크기로 자른다.

2. 모시조개는 해감한 뒤 깨끗이 씻어 끓는 물에 넣고 육수를 낸다.

3. 모래가 씹히지 않도록 2의 국물을 체에 거르고 조개에서 살만 발라낸다.

4. 냄비에 참기름을 두르고 미역을 볶다가 3의 국물, 조갯살을 넣고 20분간 끓인다.

5. 국간장으로 간한 뒤 성게 알, 마늘, 참치액젓을 넣고 후루룩 끓인다.

6. 싱거우면 소금으로 간을 맞춘다.

| tip. 성게 알은 씻지 않고 사용한다.

갈비구이

재료 쇠고기(LA갈비) 1kg, 양파 2개, 배 ½개, 식용유 적당량, 잣 다진 것 약간
양념장 맛간장 8큰술, 마늘 다진 것 3큰술, 참기름·설탕·매실액 2큰술씩, 물엿 1큰술, 청주·후춧가루 약간씩

만드는 법

1. 갈비는 30분 정도 찬물에 담가 핏물을 뺀다.
2. 믹서에 양파, 배를 넣어 간 뒤 양념장 재료를 더해 섞는다.
3. 2에 핏물을 제거한 갈비를 넣고 버무려 1시간 이상 재운다.
4. 달군 팬에 식용유를 두르고 갈비를 앞뒤로 노릇하게 굽는다.
5. 4를 한 입 크기로 잘라 접시에 담고 잣을 뿌린다.

06

도시락 싸는 엄마

* 자식의 일만큼 아무리 노력해도 마음대로 되지 않는 어려운 일이 또 있을까. 내겐 특히 첫아이의 사춘기가 그랬다.

큰아들이 중학교에 입학하고 첫 시험을 치렀는데 기특하게도 전교 3등이라는 성적표를 받아왔다. 안도감이 지나쳤던 걸까. 아들은 스스로 알아서 잘할 테니 남편이나 열심히 도우면 되겠거니 싶었다. 시민운동을 하던 남편이 큰 결심을 하고 성남시장 선거에 출마한 해였기 때문이다. 인생 첫 선거에 함께 매달렸던 1년 가까운 시간 동안 나는 아들에게 점점 소홀해졌고, 그 결과는 무시무시했다. 약도 없는 불치병이라는 '중2병'이 온 것이었다.

나에게 백허그를 하는 남편의 모습이 방송을 탔는데 사실 우리 집 백허그의 원조는 큰아들이다. 내가 부엌에서 설거지를 할 때면 슬며시 다가와 허리를 감싸고는 떨어질 줄 모를 만큼 애교 많은 녀석이었다. 그런 아들이 중학교 2학년이 되면서 다른 사람처럼 변해버렸다. 사춘기에 대한 이해와 대비를 전혀 하지 못한 채 딴사람이 돼버린 아들을 마주하는 것은 엄마인 내게 엄청난 충격일 수밖에 없었다.

"엄마 발소리 때문에 집에선 공부가 안 되잖아!" 아들은 퉁명스러움을 넘어 신경질을 내며 밖으로 나가버리곤 했다. 당시에는 나 역시 선거 후유증으로 우울감이 극에 다다른 시간을 보내고 있었다. 아들과 마주 앉아 밥 먹는 시간조차 피하고 싶을 정도로 아들이나 나나 질풍노도의 시기를 보낼 때였다. 나의 머리카락을 직접 가위로 싹둑 잘라버릴 만큼 예민했던 내 인생의 암흑기. 그러던 아들이 고등학교에 진학하고 나서 3년 동안은 공부하라는 잔소리 대신 "그만하고 자라"는 소리가 나올 만큼 공부에만 매달렸다. 자정까지 학교에서 야간 자율학습을 하고 독서실로 직행해서는 새벽 2시가 넘어서야 집에 들어와 교복을 입은 채 쓰러져 자기 일쑤였다. 나는 아들을 위해 도시락을 싸서 학교로 직접 배달을 했다. 그런데 조금도 힘들지 않고 오히려 배달 가는 길이 신나기만 했다.

하지만 매일 의자에 엉덩이를 붙이고 앉아 있던 아들은 결국 특단의 조치가 필요할 만큼 체중이 늘어나고 말았다. 1년의 재수를 포함해 4년 동안 입시 지옥에 갇혔던 아들은 대학교에 입학하자마자 기다렸다는 듯 운동을 시작했다. 고등학교 때 공부에 폭 빠졌던 것처럼 운동에 집중하는 아들이 그렇게 대견해 보일 수가 없었다.

몸을 만들면서 성취감을 느끼는 아들을 위해 나는 다시 다이어트 도시락을 싸기 시작했다. 단백질 위주로 구성된 샐러드 레시피를 이것저것 자체 개발하며 도시락을 준비하는 시간이 하루 중 가장 행복했다. 아들은 엄마의 사랑을 잔뜩 담은 식단으로 체중 관리를 도운 것이 무색할 만큼 지금은 다시 우람해졌다. 군대에서 입은 부상으로 발목을 수술하는 바람에 운동을 하지 못해 체중이 붙기 시작하더니, 제대 후 학교 근처에서 자취를 하며 도대체 뭘 먹고 지내는지 근육은 몽땅 사라지고 지방만 늘어가고 있다. 다시 도시락을 싸야 할 때가 왔나 보다.

근육량이 감소하지 않으면서 다이어트에 도움을 주는 가장 좋은 식재료는 닭고기입니다.
다이어트 도시락을 만들 때는 주로 닭 가슴살을 이용해요.
삶거나 데쳐서 먹으면 쉽게 질리기 때문에 월남쌈이나
샐러드처럼 살짝 변형한 메뉴를 준비합니다.
칠리소스나 간장 소스 같은 오리엔탈 소스를 곁들이면 느끼하지 않게 먹을 수 있어요.
달걀과 아보카도도 즐겨 사용하는 다이어트 도시락 재료인데
샐러드나 덮밥 등에 넣어 먹으면 좋습니다.

닭고기월남쌈

재료
(2인분)
닭고기(가슴살) 2쪽, 라이스페이퍼 10장, 깻잎 3장, 파프리카 1개, 생강·마늘 1쪽씩, 양파·오이 ½개씩,
대파 ¼대, 칠리소스 적당량

만드는 법

1. 냄비에 닭고기가 잠길 만큼의 물을 붓고 생강, 마늘, 대파를 넣어 끓인다. 물이 끓기 시작하면
   닭고기를 넣고 10분간 익힌 뒤 건져 식힌다.
2. 양파는 얇게 채 썰어 찬물에 5~10분간 담갔다가 건져 물기를 제거한다.
3. 깻잎, 파프리카, 오이는 얇게 채 썰고 닭고기는 결대로 찢는다.
4. 미지근한 물에 적신 라이스페이퍼 위에 준비한 재료를 올리고 돌돌 만다.
5. 먹기 좋게 반으로 자르고 칠리소스를 곁들여 낸다.

│ tip. 닭 가슴살 대신 훈제한 오리고기를 사용해도 좋다.

아
보
카
도
달
걀
샐
러
드

재료 달걀 4개, 양상추 2장, 오이 ¼개, 소금 약간
(2인분) <u>소스</u> 아보카도 1개, 레몬즙 1큰술, 소금·통후추 간 것 약간씩

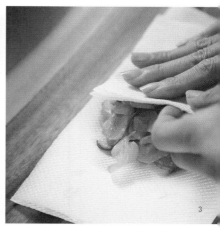

만드는 법

1. 달걀은 삶아서 흰자만 준비하고 세로로 6등분한다.

2. 양상추는 씻어 물기를 털고 한 입 크기로 뜯는다.

3. 오이는 얇게 썰어 소금에 절인 뒤 찬물에 헹궈 물기를 짠다.

4. 아보카도는 반 갈라 씨와 껍질을 제거한 뒤 4등분으로 자른다.

5. 핸드 블렌더에 아보카도와 소스 재료를 넣고 곱게 간다.

6. 볼에 샐러드 재료를 모두 담고 소스를 뿌린 뒤 고루 버무린다.

07

도루묵 궁합

* 식탁이 제철 재료로 가장 풍성해지는 계절은 가을이다. 이맘때 입맛을 당기는 재료 중 하나가 바로 통통하게 알이 찬 양미리다. 양미리조림이 밥상에 오르는 날이면 남편은 어김없이 양미리를 처음 맛본 날의 이야기를 꺼낸다. 매년 지치지도 않고 반복하는 똑같은 얘기다. 생선이 귀한 산촌에 살았던 남편은 추운 겨울 방 안에서 화롯불에 구워 먹던 양미리 맛을 잊을 수 없단다.

어머님은 일곱 남매 먹여 살리려고 낮에는 밭일을 하시고 밤에는 막걸리를 파셨다. 아이들 손이 닿지 않는 곳에 숨겨둔 양미리 몇 마리를 꺼내 화로에 구워 안주로 파셨는데 그게 그리도 먹고 싶었던 남편은 어느 날 이모부 덕에 그 귀한(?) 양미리를 실컷 먹게 되었다고 한다. 남편의 이모부, 그러니까 어머님의 형부가 힘들게 사는 처제를 도와주겠다며 찾아와 집에 있던 양미리를 사서 아이들이고 동네 사람이고 실컷 먹였다는 것이다. 짭짤하고 꾸덕꾸덕하게 굳은 양미리를 기름이 자르르 흐를 때까지 화로에 구워 먹던 그 맛을 남편은 잊지 못했다. 그리고 여전히 남편은 양미리조림을 좋아한다. 잘 말려서 꾸덕꾸덕한 양미리 반찬 하나면 밥 두 그릇도 거뜬

하다. 이 때문에 우리 부부는 겨울에 아이들과 집 앞 탄천으로 얼음 썰매를 타러 갈 때면 양미리를 꼭 준비했다. 칼바람 맞으면서 준비해간 양미리를 화톳불에 구워 먹으면 내 입맛에도 그런대로 먹을 만했다.

식재료는 마트에서만 사는 것으로 알고 살아온 내가 무슨 인연으로 이런 남편을 만난 건지, 나는 그의 모든 것이 알고 싶었다. 그의 세상에 들어가기 위해 무던히도 애썼다. 그중 하나가 낚시다. 신혼여행 가서 제주의 찬 바람을 맞으며 한 바다낚시가 시작이었다. 임신한 몸으로 화장실도 제대로 갖춰지지 않은 낚시터에 따라간 기억도 있고, 아이들 데리고 야영하며 천렵을 해 어죽을 끓여 먹기도 했다. 그리고 지금은 금지되어 볼 수 없지만, 집 근처의 탄천 변을 따라 낚싯대가 즐비하던 시절, 그곳에서 낚시를 하기도 했다. 우리 가족은 남편의 어릴 적 추억을 따라 주말이면 팔도강산 곳곳으로 고기를 잡으러 다녔다.

그토록 고기잡이를 좋아하는 남편이 생선 요리를 잘 먹느냐 하면 그렇지도 않다. 남편은 특히 도루묵 알은 먹지 않는다. 어릴 적 알이 밴 도루묵을 먹어본 일이 없던 남편은 도루묵 알을 먹는다는 걸 한참 후에야 알았다. 알은 부패하기 쉬우니까 산골까지 들어오지 않았을 것이고 비싼 알배기 대신 값싼 수놈만 들여와 팔았을 거라는 남편의 추측에도 일리가 있다. 그래서 겨울마다 도루묵을 조려 내놓으면 남편은 얼마 되지 않는 살만 발라 먹고, 입 안에서 톡톡 터지는 맛있는 알은 황송하게도 모두 내 차지다. 웃어야 할지 울어야 할지 모를 우리 부부의 환상의 도루묵 궁합이다.

도루묵은 겨울이 제철인 생선입니다.
알이 꽉 찬 도루묵은 조림으로 만들면 가장 맛있어요.
제철 맞은 가을무를 두툼하게 썰어 익힌 뒤 도루묵과 함께
조리면 그 맛이 일품이라 무가 도루묵보다 더 인기입니다.
도루묵이 조금 넉넉하다면 냉장고에 보관해두었다가
튀김, 찌개, 구이 등으로 조리하면 겨우내 다양하게 먹을 수 있지요.

도루묵조림

재료 도루묵 6마리, 감자(중) 3개, 양파 ½개, 대파 ⅓대, 무 ⅓개, 다시마국물 3컵, 소금·청양고추 약간씩
양념장 고춧가루 4큰술, 청주 2½큰술, 엿간장 2큰술,
마늘 다진 것·생강술·설탕 1½큰술씩, 국간장 1큰술, 소금 약간

만드는 법

1. 도루묵은 소금물에 2~3분간 담갔다가 맑은 물에 씻는다.

2. 감자는 납작하게 썰고 대파, 청양고추는 어슷하게 썰고 양파는 채 썬다.

3. 냄비에 다시마국물을 붓고 무를 두툼하게 썰어 넣은 뒤 무가 익을 때까지 뭉근히 끓인다.

4. 불에 양념장 재료를 넣고 섞는다.

5. 3의 냄비에 감자, 도루묵, 나머지 채소를 순서대로 올리고 양념장을 끼얹어가며 끓인다.

6. 5를 센 불에서 끓이다 김이 올라오면 약불로 줄여 20분간 졸인다.

| tip. 도루묵은 너무 익히면 풍미가 떨어질 수 있다.

세·번·째

함께 먹는 즐거움

혼자 먹는 밥보다는 둘이 먹는 밥이 맛있고, 넷이 먹으면 그 즐거움은 더욱 배가된다.
또한 요리를 하고 그것을 맛있게 먹는 기쁨만큼이나 행복한 것이 있다면
바로 이 맛있는 음식을 서로 나누는 일이 아닐까.

01

음식 선물

* 내가 직접 만든 음식을 누군가에게 선물한다는 건 큰 의미가 있다. 음식을 만드는 것도 쉽지 않은 일인데 선물할 음식을 직접 만든다는 것은 진심에서 우러나오는 정성 없이는 좀처럼 하기 힘들다. 상대의 취향은 물론 식성을 파악해야 하고 정성까지 담아야 하기 때문이다. 선물할 음식은 아무래도 시간이 오래 걸리는 음식이 될 수밖에 없다. 간단한 음식으로는 정성을 보여주기에 충분치 않으니까.

음식을 선물할 때 어른들에게는 주로 약식을, 아이들이 있는 집에는 호두파이를 준비한다. 찹쌀에 가을 햇밤과 대추, 잣 등을 듬뿍 넣고 만든 약식을 예쁘게 포장해서 전해줄 때면 내 마음도 설레고 뿌듯하다. 시간과 정성이 많이 필요한 음식이지만 우리 가족도 즐기고 좋아하는 음식이라 거기에 들이는 노력과 비용이 조금도 아깝지 않다.

호두파이는 아이들이 좋아하는 메뉴다. 우리 아이들이 워낙 좋아해서 다른 집 아이들도 좋아할 거라 생각하여 여러 판 구워 한 판은 우리 아이들 먹이고, 나머지는 예쁜 파이 박스에 포장해 아이들이 있는 집에 선물했다. 그러면 예외 없이 호평

을 받았고 심지어 "파이 가게 한번 해봐"라는 말도 심심찮게 들었다. 사실 처음부터 파이를 선물하려고 만든 것은 아니었다. 지금이야 홈베이킹이 일반화되었고 베이킹이나 포장에 관련한 용품도 쉽게 구할 수 있지만 당시에는 그런 문화가 거의 없었기 때문이다. 아이들이 우리 집에 놀러 오면 즐겁게 만들어주었는데 주변에서 다들 맛있다고 하니까 아이들 손에 한 조각씩 들려 보낸 것이 선물의 시작이 되었다. 호두파이를 정말 맛있게 먹었다는 이웃집 엄마들의 칭찬이 이전보다 오븐을 더 많이 사용하게 하는 원동력이 되었다.

약식 또한 우리 아이들이 잘 먹었던 간식 중 하나다. 빵을 좋아하지 않는 남편도 약식은 좋아했다. 아이들이 다 자라 지금은 호두파이나 약식을 만들 일이 드물다. 얼마 전 대청소를 하다 예전에 쓰다 남긴 파이 박스를 모두 버렸는데 뒤늦게 아쉬움이 밀려든다. 또 누가 아나. 손주들을 위해 호두파이를 굽고 약식을 만들게 될지.

홈메이드의 장점은 좋은 재료를 아낌없이 넣을 수 있다는 것입니다.
호두가 아이들 뇌 발달에 좋다고 해서 제 파이에는 호두가 넉넉히 올라갑니다.
호두파이를 만들 때 메이플 시럽을 넣으면 캐러멜 소스를
넣는 것보다 향이 풍부해지고 깊은 맛이 납니다.
약식을 만들 때도 밤과 대추를 듬뿍 넣으면 천연의
달콤한 맛이 깊게 배어 더 맛있어진답니다.

약식

재료
찹쌀 불린 것 5컵, 밤 200g, 잣 80g, 건포도 50g, 대추 20개
소스 흑설탕 300g, 물 2컵, 참기름 5큰술, 간장 2큰술, 계핏가루 ½큰술

만드는 법

1. 찹쌀은 2시간 이상 불려 체에 밭친다.

2. 건포도는 10분 정도 물에 불린다.

3. 대추는 씨를 제거한 뒤 채 썰고 밤은 2등분으로
   자른다.

4. 볼에 소스 재료를 넣고 섞는다.

5. 찹쌀, 잣, 건포도, 대추, 밤을 소스에 잘 섞는다.

6. 5의 재료를 압력솥에 넣고 중불에서 끓이다 추가 1단이
   되면 최대한으로 불을 줄이고 5분간 둔다. 불을 끄고
   솥의 압력이 빠지면 뚜껑을 열고 고루 섞는다.

7. 스쿱으로 둥글게 떠서 유산지 컵에 담아 포장한다.

tip. 스쿱으로 둥글게 떠서 모양을 만든 약식은 머핀용
유산지 컵에 담아 식품용 종이봉투에 넣으면 선물하기에
좋다.

호두파이

재료(20cm 지름 1개)
박력분 250g, 버터 135g(+틀에 바르는 용 여분), 달걀노른자 2개, 물·소금 약간씩
토핑 호두 200g, 흑설탕 100g, 메이플 시럽 ⅔컵, 달걀 3개, 버터 30g, 바닐라 익스트랙트 1작은술

만드는 법

1. 박력분은 체에 쳐서 곱게 내리고 버터는 잘게 썬다. 볼에 박력분, 버터, 소금을 넣고 고루 섞는다. 이때 버터 덩어리가 생기지 않도록 주의한다.
2. 1에 달걀노른자를 넣고 한덩어리가 되도록 뭉친다. 잘 뭉쳐지지 않으면 소량의 물을 넣되, 오래 치대지 않는다.
3. 반죽을 비닐봉지에 싸서 냉장고에 넣고 1시간 정도 보관한다.
4. 호두를 제외한 토핑 재료를 볼에 넣고 흑설탕과 버터가 녹을 때까지 잘 섞는다.
5. 호두는 끓는 물에 살짝 데치고 팬에 볶아 토핑 재료와 섞는다.
6. 3의 반죽을 얇게 밀어 버터를 바른 파이 틀에 올리고 테두리를 깨끗이 정리한다.
7. 포크로 반죽 바닥에 구멍을 내고 5의 토핑을 채워 넣는다.
8. 170℃로 예열한 오븐에 틀을 넣고 40~50분간 굽는다.

> tip. 호두파이를 많은 사람에게 선물할 때는 미니 파이 크기로 여러 개 굽는다.
> 수제비 반죽을 빚듯 반죽을 오래 치대면 바삭함이 떨어지므로 주의하다.

02

손님 맞는 꿈

* 나의 첫 요리 선생님은 요리는 물론 상차림 솜씨도 뛰어난 분이었다. 육아와 살림살이에 지칠 무렵 평범한 식재료가 새로운 요리로 만들어져 근사하게 세팅되는 걸 보면서 감탄을 쏟아내곤 했다. 요리를 배우는 것만큼이나 세팅을 배우는 것 역시 기다려지는 시간이었다. 친구들과 그릇 전시회나 도자기 공방을 종종 찾곤 했는데 주방 인테리어와 아름다운 식기들, 무엇보다도 정갈한 상차림을 보는 게 더없이 재미있고 좋았다.

처음 내 집을 마련했을 때 낡은 교자상을 창고로 보낸 뒤 원하는 대로 확장이 가능한 식탁을 큰맘 먹고 들여놓았다. 좁혀 앉으면 최대 12명까지 앉을 수 있는 넉넉한 크기의 식탁으로 지금까지도 잘 쓰고 있다. 당시에는 많은 손님을 초대해 멋진 상차림을 선보이겠다는 부푼 꿈에 국수 그릇도 12개, 식탁 매트도 12개… 뭐든 12개씩 주방 살림을 마련해가는 재미에 살았다. 하지만 12인용 식기를 사용하겠다던 야무진 꿈은 그리 오래가지 않았다. 남편의 정치 입문 이후 살림만 할 수가 없었기 때문이다.

남편이 정치를 시작하고 시장이 되면서 집 안은 늘 북적이고 아내인 나는 하루 종일 손님상을 차려내야 하는 것으로 생각하는 사람들이 많다. 보통 정치인 아내의 내조가 그런 것이라고 생각한다. 사실 나도 그런 이유 때문에 한때는 남편이 정치하는 걸 극구 반대했다. 그러나 막상 시장이 되고 나서는 우리 집에 찾아오는 손님들이 현저히 줄었다. 예상 밖의 일이었다.

남편은 공사 구별이 지나칠 만큼 뚜렷하다. 어떨 땐 아내인 나조차도 서운하게 느낄 정도니까. 지금은 고인이 된 셋째 아주버님과의 사이가 벌어진 것도 아주버님이 시장의 형님이라는 지위를 이용해 시정에 관여하려 했고, 남편이 이를 가혹하다 싶을 만큼 철저히 봉쇄했기 때문이다.

남편은 집에서는 가급적 공적인 만남을 갖지 않으려 했다. 특히 지금 살고 있는 집은 관사도 아니어서 개인 사생활을 꾸려가는 공간이라는 생각이 컸다. 집을 매개로 한 사사로운 만남이나 인연들이 시정에 직간접적으로 영향을 미칠 수 있다는 이유 때문에 집으로 찾아오는 사람들은 냉대를 했다. 남편은 사적 관계를 이용해 공적 영역에 영향을 주려는 사람들을 병적이다 싶을 만큼 피했다. '시장의 친구라도 안 될 일은 안 되는 것이고, 모르는 사람이라도 될 일이 안 되게 하는 일은 없게 한다'는 남편의 굳은 신념 때문에 집을 이용해 접근하려는 시도는 시간이 흐를수록 점점 더 줄어들었다.

이 때문에 '100인분의 국밥을 끓였다'는 등 전설처럼 떠도는 정치인 아내의 모습과 나의 실상은 많이 다르다. 오히려 남편이 시민운동을 할 때나 변호사로 일할 때 찾아오는 손님이 더 많았다. 지금 쓰고 있는 식기들이며 요리 레시피들은 모두 그때 마련한 것들이다.

지방 선거, 국회의원 선거, 대통령 경선까지… 정신없이 선거를 치르고 나서 한 번씩 여유가 생길 즈음에야 12인용 식탁과 12벌씩 마련한 찬장 속 식기들이 눈에 들어온다. 12명을 꽉 채워본 적이 별로 없는 식탁, 12벌이 동시에 쓰인 적이 거의 없는 커틀러리와 식기들을 보면 종종 아쉬울 때도 있다.

가끔은 거리낌 없이 지인들을 불러 맛있고 예쁜 상차림을 자랑스레 내놓고 싶은 마음도 드는 것이 사실이다. 손님맞이에 대한 기대로 가득했던 옛 추억을 살려, 오늘 저녁 우리 부부 단둘의 밥상이라도 근사하게 차려볼까 싶다.

손님 초대상으로 종종 준비하는 메뉴입니다.
오시는 분의 성향에 따라 양식과 한식 두 가지 세트를 만들어요.
아스파라거스수프, 찹스테이크, 주먹밥으로 양식 세트를 구성하고,
삼색양배추말이, 곶감나물무침, 로스편채로 한식 세트를 구성합니다.
아스파라거스수프, 삼색양배추말이는 미리 만들어 냉장 보관하면 편리해요.
겨자 소스와 고기 소스도 만들어 숙성시켜두었다가 사용하면 더 맛있어요.

양식 세트

주먹밥

찹스테이크

아스파라거스수프

아스파라거스수프

재료 아스파라거스 15개, 양파·치킨스톡 ½개씩, 물 1컵,
생크림 ½컵, 우유 ¼컵, 버터·밀가루 1큰술씩,
소금·후춧가루 약간씩

만드는 법

1. 아스파라거스는 밑동을 자르고 억센 줄기를
   필러로 다듬은 뒤 토막 낸다. 양파는 채 썬다.
2. 냄비에 버터를 녹이고 양파가 진한 갈색이 될
   때까지 충분히 볶다가 밀가루를 넣고 함께
   볶는다.
3. 2에 아스파라서스, 치킨스톡, 물을 넣고
   10~20분간 푹 끓이다가 블렌더로 곱게 간다.
4. 우유를 넣고 끓어오르면 불을 끄고 생크림을
   넣어 휘젓는다.
5. 소금으로 간하고 기호에 따라 후춧가루를
   곁들인다.

tip. 양파는 짙은 갈색이 될 때까지 충분히 볶아야
맛이 좋다. 여분의 아스파라거스가 있다면 잘게 썬
뒤 볶아 고명으로 얹어도 좋다.

주먹밥

재료 밥 1공기, 날치 알 ¼컵, 햄 다진 것·파프리카 다진
(2인분) 것·참기름 1큰술씩, 식용유·소금·통깨 약간씩

만드는 법

1. 달군 팬에 식용유를 두른 뒤 햄, 파프리카를
   볶는다.
2. 볼에 밥을 넣고 1과 통깨를 넣어 소금으로 간을
   한다.
3. 2를 한 김 식힌 뒤 날치 알을 넣고 버무린다.
4. 3에 참기름을 넣고 섞은 뒤 한 입 크기로
   동그랗게 주먹밥을 만든다.

tip. 다시마국물에 찹쌀을 넣어 밥을 지으면 더욱 짭
조름하고 차진 주먹밥이 된다.

찹스테이크

재료　쇠고기(등심) 300g, 실파 50g, 양파 ½개, 로즈메리 1줄기
(2인분)　**고기 밑간** 레드 와인 5큰술, 매실액 ½큰술, 후춧가루 약간
　　　　고기 소스 우스터소스 2큰술, A1 소스·설탕·올리고당 1큰술씩, 굴소스 ½큰술, 소금 ½작은술

만드는 법

1. 쇠고기는 밑간 재료에 30분 정도 재운 뒤 센 불에서 앞뒤로 구워 한 입 크기로 썬다.
   로즈메리를 함께 구워 잡냄새를 없앤다.
2. 양파는 1cm 두께의 링 모양으로 썰어 고기를 구운 팬에 굽고 실파는 송송 썬다.
3. 냄비에 고기 소스 재료를 넣고 약불에 올려 고루 섞는다. 끓기 시작하면 불에서 내린다.
4. 접시에 구운 양파를 깔고 고기를 올린 뒤 소스를 뿌린다.
5. 4 위에 송송 썬 실파를 수북하게 얹는다.

로스편채

곶감나물무침

삼색양배추말이

삼색양배추말이

재료 양배추 잎 6장, 당근·오이 ½개씩, 무 ⅓개, 소금 약간
 촛물 설탕 5큰술, 식초 4큰술, 레몬즙·채소 우린 물 2큰술씩, 소금 1작은술

만드는 법

1. 양배추는 푸른 잎과 심을 제거하고 한 잎씩 끓는 소금물에 데쳐 얼음물에 담근다.

2. 당근, 오이, 무는 곱게 채 썰어 소금에 절였다가 물기를 짠다.

3. 냄비에 촛물 재료를 넣고 살짝 끓인 뒤 냉장고에 넣어 식힌다.

4. 양배추를 김발 위에 깔고 채소를 올린 뒤 단단하게 말아 먹기 좋게 썬다.

5. 촛물을 곁들인다.

tip. 채소 우린 물은 자투리 채소를 사용해서 만든다. 단단하고 향이 있는 당근, 양파와 같은 채소를 물에 담가두었다가 20분 이상 끓인 뒤 체에 걸러 국물만 사용한다.

곶감나물무침

재료 곶감 3개, 무·숙주 200g씩, 미나리 70g, 설탕·사과식초 1큰술씩, 통깨 약간
무 볶음 양념 식용유·고춧가루 1큰술씩, 소금·마늘 다진 것 1작은술씩, 생강즙 ½작은술
숙주 무침 양념 마늘 다진 것·참기름 1작은술씩, 소금 ⅓작은술
미나리 무침 양념 소금 ½작은술, 마늘 다진 것·참기름 약간

만드는 법

1. 곶감은 꼭지를 떼 속을 긁어내고 포를 뜬 뒤 실온에서 하룻밤 꾸덕하게 말려서 채 썬다.

2. 무는 얇게 채 썰어 무 볶음 양념과 함께 팬에 넣고 중불에 1분간 볶아 식힌다.

3. 숙주와 미나리는 끓는 물에 각각 아삭하게 데친 뒤 찬물에 헹구고 물기를 제거한다.

4. 숙주와 미나리는 각각의 무침 양념에 무친다.

5. 곶감, 무, 숙주, 미나리는 먹기 직전 식탁에서 설탕, 사과식초, 통깨와 함께 버무린다.

로스편채

재료 쇠고기(홍두깨살) 300g, 무순 10g, 미나리 5줄기, 깻잎 5장, 대파(흰 부분) 1대, 양파 ½개, 찹쌀가루 5큰술,
　　　참기름·소금·후춧가루 약간씩
　　　겨자 소스 배즙·식초 4큰술씩, 설탕 3큰술, 연유 1½큰술, 겨자·따뜻한 물 1큰술씩, 소금 ¼작은술

만드는 법

1. 쇠고기는 2mm 두께로 썰어 소금, 후춧가루로 밑간한다.

2. 깻잎, 대파, 양파는 곱게 채 썬다. 대파, 양파는 5~10분간 찬물에 담갔다가 건져 물기를 제거한다.

3. 미나리는 줄기 부분만 끓는 소금물에 살짝 데친다.

4. 겨자 소스 재료 중 겨자는 따뜻한 물과 1:1 비율로 섞어 30분간 두었다가 나머지 소스 재료를 모두 넣고 섞는다.

5. 1의 양면에 찹쌀가루를 묻히고 약불에 팬을 올려 참기름을 두른 뒤 쇠고기를 앞뒤로 지진다.

6. 5의 쇠고기에 무순과 대파를 올리고 돌돌 말아서 미나리로 묶는다.

7. 접시에 채소, 6의 쌈을 담고 겨자 소스를 곁들인다.

03

김장하는 날

* '올해는 꼭 사먹어야지.' 찬 바람이 불기 시작하면 나는 으레 다짐한다. '목이 아프니까. 이제 허리도 아프고, 손목은 또 어떤가? 식구도 얼마 없는데 남편까지 점점 바빠지질 않나? 작년에도 남았으니, 겨우 요만큼 할 거면 차라리 사먹는 게 싸지.' 김장하지 않을 이유는 이렇게 해마다 늘어가지만 나는 또 어느새 배추와 고춧가루를 주문하고 있다.

신혼 때는 친정과 시댁에서 김치를 가져다 먹었다. 가정 요리를 익혀가던 초짜 주부 시절, 김치 담그는 일은 생각조차 못했다. 그렇게 몇 년이 지나 조금씩 여유가 생기고 요리를 배우다 보니 김치를 담가보고 싶은 마음이 생겼다. 진짜 맛있는 김치를 만들어보겠다는 욕심에 엄마에게 자문도 구하고 백김치를 기막히게 담그시는 친구의 어머니를 모셔와 일대일 레슨을 받아가며 배우기도 했다. 시원한 물김치는 손맛 좋은 어머님에게 전수받았다. 나의 김치 역사는 이렇게 시작되었다.

매년 11월은 목과 허리가 삐거덕거리며 말썽을 일으키는 시기다. 침도 맞아보고 물리치료도 해보고 여러 병원을 다녀봤지만, 수술하지 않는 이상 몸에 무리가 가

지 않도록 관리하면서 버티는 게 최선이라는 얘기만 들었다. 이런 고질적인 컨디션 난조는 왜 하필 김장철에만 찾아오는 걸까. 마음은 100포기라도 담글 것 같지만 몸이 따라주지 않아 앓아누운 경험이 몇 해쯤 쌓이자 이제는 김장철만 되면 두려움부터 앞선다. "그래, 하자!" 하고 흔쾌히 김장을 시작한 적도 없지만 김장을 거른 적도 역시나 없다. 이렇게 힘들어하면서도 매년 김장을 하는 건 사랑하는 친구들의 품앗이 덕분이다. 언젠가부터 친구들이 해마다 우리 집 김장에 손을 보태고 나선다. 요즘 세상에 대체 누가 자기 집도 아닌 친구네 김장 챙기느라 하루 종일 시간을 내준단 말인가. 내 복인지, 나를 친구로 둔 내 친구들의 죄인지는 알 길이 없다.

김장을 담그는 데는 나만의 원칙이 몇 가지 있다. 직접 빻은 마늘만 쓸 것, 무채는 반드시 손으로 썰 것 등이다. 1년 치 마늘 손질은 남편과 아들, 아들 친구들까지 와서 거드는 연례행사로 자리 잡았지만, 그 많은 무채 썰기는 모두 내 친구들의 몫이다. 각자 자기 손에 가장 잘 익은 칼을 챙겨와 시간 가는 줄 모르고 무채를 썰던 친구들은 어느새 한목소리로 나를 야단친다. "너 며느리한테는 절대 이러지 마라!" 어찌 됐건 마늘은 직접 빻아야 하고, 무채는 손으로 쳐야 물이 덜 생기고 양념도 무르지 않아 맛있는 김치가 완성된다.

사실 김장은 사전 준비가 절반이라 해도 과언이 아니다. 미리 황태, 멸치, 다시마로 국물을 내어 풀을 쑨 뒤 식혀서 고춧가루 양념을 삭혀놓아야 한다. 채소를 씻어 손질해놓는 것도 미리 해야 할 일이다. 이러다 보니 김장 전날부터 파김치가 된다. 김장 당일에는 절여둔 배추의 물을 빼고 무채를 썰어 버무리고 소를 넣는다. 거기에 친구들과의 수다, 웃음, 우정을 함께 버무리면 올해의 김장도 별 탈 없이 끝난다. 이번 김장도 고등학교 동창들이 거들어주었다.

우리 식구들은 내 김치 마니아다. 어릴 때부터 엄마 김치가 최고라고 극찬하던 큰아들은 지금까지도 엄마의 김치를 고집한다. 장가가서도 엄마표 김치만큼은 꼭 사수하겠다며 벌써부터 예약을 해놓았지만 글쎄, 나중에 네 각시한테 물어보고….

배추김치와 무섞박지는 우리 집 대표 김치입니다.
멸치, 다시마, 황태를 끓여 만든 국물을 사용하고
생새우와 새우젓을 함께 넣어 감칠맛을 내는 게 특징이지요.
김장을 하는 날은 단순히 음식을 하는 것만으로 끝나지 않습니다.
연례행사인 이날은 친구들과의 송년 모임이기도 하지요.
김치를 담그는 동안 질 좋은 돼지고기를 삶아냅니다.
먹음직스럽게 익은 수육에 갓 버무린 김장김치가
함께라면 웃음꽃이 한바탕 핍니다.

배추김치

재료 배추 절인 것 20kg, 천수무 5개, 쪽파·미나리·청갓·홍갓 ½단씩, 대파 ⅓단, 고춧가루 6컵, 멸치액젓 4컵, 생새우 3½컵, 새우젓 2컵, 찹쌀가루 1컵, 마늘 다진 것 6큰술씩, 설탕 3큰술, 생강 다진 것 1큰술

국물 황태 머리 3개, 멸치 10마리, 새우 말린 것 30g, 무 ⅓개, 표고버섯 말린 것 5개, 파 뿌리 3개, 물 6컵

만드는 법

1. 냄비에 국물 재료를 넣고 중불로 30분간 끓인 뒤 다시 약불에서 30분간 끓여 국물 5컵을 만든다. 여기에 찹쌀가루를 넣고 걸쭉한 상태가 될 때까지 저은 뒤 식히고 나서 멸치액젓, 새우젓, 고춧가루를 넣고 풀어준다.
2. 절인 배추는 채반에 밭쳐 1시간 이상 물기를 뺀다.
3. 2의 배추를 반 가른다.
4. 무는 씻어 물기를 제거하고 6cm 길이로 채 썬다.
5. 쪽파, 갓, 미나리, 대파는 씻어 물기를 뺀 뒤 무와 같은 길이로 썬다.
6. 생새우는 굵직굵직하게 다진다.

7. 채 썬 무에 1의 양념을 넣어 버무린다.

8. 7에 썰어놓은 쪽파, 갓, 미나리, 대파를 넣고 다져놓은 생새우와 설탕, 마늘, 생강을 더해
   고루 버무린다. 싱거우면 액젓이나 소금을 추가한다.

9. 배추에 소를 채워 넣는다.

10. 반을 접어 겉잎으로 감싸 통에 담는다. 이때 배추를 엎어서 담지 않도록 주의하고
    최대한 꾹꾹 눌러 담되, 용기의 90%만 채운다. 랩이나 비닐, 배추의 겉잎 등으로 덮은
    뒤 뚜껑을 닫는다.

무
섞
박
지

재료　천수무 4개, 남은 김장 양념 적당량

만드는 법

1. 무는 김장 담그기 전에 미리 큼직하게 썰어 소금에 1시간 30분 정도 절인다.

2. 무의 소금기를 털어내고 남은 김장 양념과 함께 버무린다.

| tip. 김장한 배추김치를 통에 담을 때 무섞박지를 듬성듬성 박아서 배추김치와 함께 익히면 편하다.

수
육

재료   돼지고기(목살 또는 삼겹살) 2kg, 통마늘 6개, 월계수 잎 4장, 물 3L, 된장 2큰술, 인스턴트커피 ½큰술,
통후추 1큰술

만드는 법

1. 냄비에 물을 붓고 불에 올려 팔팔 끓으면 돼지고기를 넣는다.

2. 월계수 잎, 된장, 인스턴트커피, 통마늘, 통후추를 더해 센 불에서 끓인다.

3. 10분간 끓이다 중약불로 줄여 50분 더 끓인다.

4. 다 익은 고기는 건져 먹기 좋게 썰고 김장김치를 곁들인다.

04

어머님의 콩가루

＊ 아이 둘 키우는 것이 나에게는 왜 그리 힘든 일이었을까? 주말이면 아이들을 데리고 나가 '독박 육아'에서 해방시켜주던 남편이 있었고 빨래, 청소, 요리 시간을 단축시켜주는 온갖 문명의 도움이 있었는데도 말이다.

어머님은 아홉 명의 자식을 낳고 일곱 명을 키우셨다. 넉넉지 않은, 아니 지지리도 가난한 집으로 시집와 군대 간 남편을 대신해 층층시하에 홀로 밭농사를 일구면서 아들 다섯에 딸 둘의 끼니까지 차려내신 분이다. 아이를 키워본 나조차 얼마나 대단한 일인지 짐작하기가 힘들다.

어머님은 나를 앉혀놓고 이런저런 옛이야기 들려주는 걸 좋아하신다. 계모 밑에서 미움받고 자란 이야기, 가난한 집에 시집와서 고생한 이야기, 아이들 키우면서 어려웠던 이야기… 그런 어머님이 너무 가여워 이야기를 듣다가 서로 끌어안고 펑펑 운 날도 있었다. 하지만 그렇게 설움에 잠겨 계신 어머님의 기분을 한 방에 바꾸는 마법 같은 문장이 있다. "그런데도 어머님은 어쩌면 이렇게 아들을 훌륭하게 키우셨어요?" 이 한마디면 어머님의 눈물은 온데간데없이 사라지고 당신 아들의 총명

함과 배포와 잘생김 등 다채로운 주제로 두만강에서 나뭇잎 타고 내려올 법한 이야기들을 끝없이 이어가신다. 가끔 나도 며느리 앉혀놓고 이러고 있으면 어쩌지 하는 상상을 하다가 피식 웃은 적도 있다.

엄마는 맏며느리여서 명절이 되기 며칠 전부터 김치 담그기, 만두와 송편 빚기, 전 부치기 등 차례 음식을 도맡아 준비하셨다. 그러다 보니 맏딸인 나도 만두나 송편 빚기는 꽤 자신이 있다. 결혼 후 맞이한 시댁에서의 첫 명절, 나는 솜씨를 뽐내볼 요량으로 최선을 다해 작고 동글동글한 버선코 모양의 송편을 빚어 시댁 식구들 앞에 야심 차게 내놓았다. 그런데 웬걸. 옆에 놓인 송편들은 내 눈에 만두로 보일 정도로 큰 데다 그저 손으로 꾹 눌러놓은 듯 투박한 모양을 하고 있는 것이 아닌가. 내 자그마한 송편을 본 어머님과 시동생이 "대체 이게 뭐냐"면서 깔깔깔 웃으시던 통에 얼굴이 새빨갛게 달아오르던 기억이 아직도 선명하다. 분명 엄마와 작은엄마는 내 송편을 보고 "우리 혜경이 예쁘게 송편 빚는 거 보니 나중에 예쁜 딸 낳겠네!" 하셨는데, 과연 착한 거짓말이었을까? 정말 암만 생각해도 아기자기하고 곱기만 한 송편인데, 내가 두 아들의 엄마가 된 건 시댁의 송편 빚는 스타일과 너무도 달라서였을까?

송편 모양뿐만 아니라 시댁 식구들과 입맛이 달라 결혼 초기에는 적응하느라 애를 먹기도 했다. 시댁의 입맛은 담백하기 그지없다. 어느 날은 어머님이 상추를 씻으시기에 냉장고 뒤져가며 고기를 찾았다. 그런데 아무리 눈을 씻고 찾아봐도 고기가 보이지 않았다. 나는 그날 처음 고기 없이 상추를 반찬으로 먹는 경험을 했다.

남편이 자란 동네는 워낙 깊은 산골짜기여서 어류나 육류의 유통 자체가 어려웠다고 한다. 그 때문에 아주 가난하지 않았다 하더라도 고기를 자주 먹긴 힘들었을 것이다. 남편이 고깃덩어리를 처음 먹어본 것도 성남에서의 소년공 시절에 공장 형님들과 야유회를 갔을 때였다고 하니, 과연 고기 구경하기가 얼마나 어려운 산골짜기였는지 나로서는 상상만 해볼 뿐이다.

그래서일까? 내게는 무척 생소하지만 시댁에서 흔히 쓰는 식재료 중 하나가 날콩가루다. 육류를 접하기 힘드니 콩으로 단백질을 섭취하기 위해 콩가루 요리가 발달한 것이다. 모란에 장이 서는 날이면 어머님은 어김없이 콩가루를 빻기 위해 방앗간에 다녀오셨다. 콩가루 요리라고는 본 적도, 먹어본 적도 없던 신혼 초, 어머님이 날콩가루를 푸짐하게 나누어주실 때마다 나는 난처함을 감추려고 애를 썼다.

"왜 맨날 콩가루로 음식을 해? 콩가루 집안이야?"하고 남편에게 장난을 걸면 "그래! 콩가루 집안이라 그렇다. 왜?"라고 답하면서 깔깔대던 시절이 가끔씩 떠오른다. 어리석게도 자취하는 아들에게 반찬을 만들어 가져다줄 만큼 오랜 시간이 흐르고 나서야 비로소 나는 어머님의 마음을 알 수 있었다. 당신 아들이 잘 먹던 음식을 계속 해먹이고 싶은 그 마음 말이다.

지금 어머님은 거동이 불편할 만큼 편찮으셔서 더 이상 방앗간에 다녀오실 수 없다. 아쉬운 대로 시장에서 콩가루를 구입해 콩가루국을 끓이는데 나는 아직 어머님이 끓여주시던 그 깊고 구수한 맛을 완벽히 재현해내지 못한다. 아무리 그득 넣고 또 넣어도 말이다.

콩가루는 국 외에도 다양하게 활용할 수 있습니다.
나물을 무칠 때 마지막에 넣거나 전의 반죽에 넣으면
콩가루 특유의 고소한 맛이 더해져 요리가 더 맛있어져요.
활용도가 높은 콩가루는 요즘 마트나 친환경 매장,
전통시장 등 어디서든 손쉽게 구할 수 있습니다.
사용하고 남은 콩가루는 꼭 밀폐용기에 담아 냉동 보관해야 합니다.

냉이콩가루국

재료 냉이·콩나물 100g씩, 멸치다시마국물 6컵, 콩가루 5큰술, 소금 1큰술

만드는 법

1. 냉이와 콩나물은 다듬어 깨끗이 씻는다.

2. 물기가 남아 있는 냉이에 콩가루를 충분히 묻힌다.

3. 냄비에 냉이와 콩나물을 넣고 멸치다시마국물을 조심스럽게 부은 뒤 중불에 올려 끓인다.

4. 넘치지 않도록 불을 줄여 15분간 끓이다가 소금으로 간한다.

tip. 끓이는 도중 국을 휘저으면 콩가루가 다 풀어지므로 휘젓지 않도록 주의한다.
멸치다시마국물 대신 물을 사용하는 어머님표 냉이콩가루국은 더 담백한 맛이다.

05

수다가 고픈 메뉴

*　아이를 키울 때는 소소한 모임이 잦아 집에서 상을 차리는 일도 많았다. 누구나 그렇겠지만 육아는 생전 처음인 데다 전문적인 교육을 받은 것도 아니어서 다른 엄마들의 경험과 조언이 큰 도움이 된다. 아침에 한바탕 난리법석을 치르며 아이들을 유치원에 보내고 나면 엄마들은 피로도 달래고 정보도 교환할 겸 이 집 저 집 돌아가며 한데 모이곤 했다. 따뜻한 차와 간단한 음식 앞에 둘러앉아 아이 키우는 이야기, 살아가는 이야기에 남편 흉도 보며 수다를 떨었다.

　의욕과 열정이 넘치는 젊은 시절이어서 그랬던가, 그때는 왜 그리 납득하기 어려운 일이 많았는지 모르겠다. 오랜 세월이 흐른 지금 생각해보면 "뭐 그럴 수도 있겠네" 하고 웃어넘길 일들이지만. 그때는 화나는 일도 많았고 도저히 받아들일 수 없는 일도 많았다. 머리가 복잡해지고 스트레스가 밀려올 때는 매콤하고 달달한 떡볶이가 최고다. 매콤달콤한 떡볶이를 앞에 놓고 하하호호 떠들다 보면 억울한 일, 말 안 되는 일도 조금씩 풀어졌다. 대신 떡볶이의 매운맛은 똑 부러져야 했다. 눈물 쏙 뺄 정도로!

친구들이 우리 집에 오는 날, 다른 메뉴 다 제쳐두고 떡볶이를 만드는 이유는 또 있다. 바로 추억이 깃든 음식이기 때문이다. 중고등학교 시절, 누구나 학교 앞 떡볶이 단골집이 하나쯤은 있었을 것이다. 나 역시 학창 시절 단골 떡볶이집이 있었다. 나이 지긋한 할아버지가 운영하는 작은 떡볶이집이었는데 친구들과 옹기종기 아늑한 방에 들어가서 먹던 소녀 시절의 떡볶이에 대한 기억이 아직도 생생하다. 이런 풋풋한 기억 때문에 친구들과의 모임에 떡볶이를 자주 만들게 되는 것 같다. 아이들이 어릴 적, 아이들과 함께하는 모임에는 매운 것을 못 먹는 아이들을 위해 버섯과 간 고기를 넣고 간장으로 간한 궁중떡볶이를 만들거나 짜장 소스를 이용한 짭조름한 짜장떡볶이를 만들기도 했다.

여럿이 모여 수다를 떨며 먹는 음식으로 마끼도 빼놓을 수 없는 메뉴다. 하지만 대체적으로 남자들을 위한 상에서는 환영받지 못한다. "차라리 김밥을 먹지 이게 뭐냐"는 불평을 듣기 쉽다. "그러나 삼식이 여러분, 음식은 배를 채우려고 먹는 게 아니랍니다! 음식은 입으로만 먹는 게 아니라 눈으로도 먹고 손으로도 먹는 거지요."

당근, 양상추, 오이, 깻잎 등 각종 채소들을 예쁘게 채 썰어 접시에 날치 알과 함께 가지런히 담는다. 내 입맛대로 이것저것 재료를 조합해 김에 싸 먹다 보면 시간 가는 줄도, 배불러오는 줄도 모른다. 어느새 밥 한 솥 다 비우고 다시 밥을 하기 일쑤다. 동네 모임에서 마끼를 손님상에 낸 것은 아마 내가 처음일 거다. 아이들이 유치원에 가기 위해 등원 차량을 타고 나면 엄마들과 함께 돌아가며 잠깐씩 수다 타임을 갖기도 했는데 이웃들의 집에 가서 커피를 마시다 가끔 밥도 먹었다. 이때 만들어 먹었던 요리들은 장을 봐서 차리는 상이 아니라 냉장고에 남아 있는 재료를 꺼내 만든 것들이었다. 그렇다 보니 자투리 채소를 채 썰어 김에 말기만 하면 되는 마끼야말로 아주 요긴한 메뉴가 되었다.

우리 집에서, 다음에는 옆집에서… 연이어 마끼를 먹다 보니 집안의 식성이나 특징에 따라 같은 마끼라도 그 안에 들어가는 재료가 다양했다. 이 집은 참치, 저 집은 아보카도… 이렇듯 변화를 거듭하는 메뉴인 까닭에 자주 만들어 먹어도 전혀 질리지 않았다. 게다가 볶거나 끓이는 등 조리 과정 없이 빠르게 만들 수 있어 주부들에게는 정말 금쪽같은 레시피다. 손은 손대로 바쁘고 입은 입대로 바쁜 우리 여자들 수다와 함께 단골 메뉴가 먹고 싶어지는, 수다가 고픈 오늘이다.

여자들끼리의 점심 모임에는 채소김마끼, 월남쌈과 같이
재료만 준비해놓고 이야기를 나누면서
만들어 먹을 수 있는 메뉴가 인기입니다.
여기에 냉장고 속 재료로 만들 수 있는 매콤달콤한 떡볶이,
부침개 등을 곁들이면 금세 푸짐하게 한 상 차릴 수 있습니다.
디저트로 과일이나 차를 곁들여 내면 더욱 좋지요.

채소김마끼

재료 밥 2공기, 김 구운 것 3장, 게맛살 · 단무지 4줄씩, 달걀 2개, 오이 ½개, 무순 ½팩, 날치 알 ½컵
(2인분) **단촛물** 식초 3큰술, 설탕 ½큰술, 소금 ½작은술

만드는 법

1. 단촛물 재료를 섞어 뜨거운 밥 위에 한 번에 붓고 주걱으로 부채질을 하며 수분을 날린다.

2. 달걀은 풀어서 도톰하게 부친 뒤 식혀서 채 썬다.

3. 오이, 게맛살, 단무지는 얇게 채 썰고 김은 4등분으로 자른다.

4. 김에 밥을 올리고 준비한 재료들을 적당히 올려 고깔 모양으로 돌돌 만다.

5. 4에 무순과 날치 알을 올린다.

> tip. 참치, 오리고기, 대패 삼겹살, 아보카도 등 가지고 있는 다양한 재료를 활용할 수 있다. 와사비
> 간장을 곁들여도 좋다.

매운 낙지떡볶이

재료 낙지 400g, 떡볶이 떡 200g, 양파·양배추 100g씩, 표고버섯 50g, 꽈리고추 3~4개, 홍고추 1개, 대파 10cm 1대, 물 ½컵, 식용유 2큰술, 참기름·소금·통깨 약간씩
양념장 물 5큰술, 고운 고춧가루 3큰술, 물엿 2큰술, 마늘 다진 것·엿간장 1 ½큰술씩, 고추장·생강술 1큰술씩, 맛술 1작은술, 소금·후춧가루 ⅓작은술씩

만드는 법

1. 낙지는 소금으로 바락바락 주물러 흐르는 물에 깨끗이 씻은 뒤 끓는 물에 넣고 살짝 데친다.

2. 떡은 끓는 물에 데쳐 물기를 뺀 뒤 참기름을 넣고 버무린다.

3. 볼에 양념장 재료를 넣고 섞는다.

4. 채소와 낙지는 한 입 크기로 썬다.

5. 달군 팬에 식용유를 두르고 버섯과 떡을 볶다가 대파를 제외한 나머지 채소를 모두 넣고 볶는다.

6. 5의 팬에 양념장을 넣고 볶는다.

7. 떡이 말랑해지고 양념이 졸여지면 낙지를 넣고 물을 부은 뒤 약 3분간 끓인다. 마지막으로 대파, 참기름, 통깨를 넣고 한번 더 뒤적인다.

tip. 양념장은 하루 동안 냉장고에서 숙성시키면 더욱 좋다. 양념장이 남으면 오징어볶음용 소스로도 활용할 수 있다. 농도 조절이 어려울 때는 녹말물을 활용하면 좋다.

06

나눔의 배수

*   어려운 시절에는 오로지 먹고살기 위해 농사를 지었다. 특히 가난하게 살았던 남편과 시댁 식구들에게 농사는 해 뜨기 전부터 해가 지고 나서도 이어지는 생존의 치열한 전쟁 같은 것이었다. 그런 농사가 이제는 즐거움을 위한 놀이, 건강을 가꾸는 취미 활동으로 변하고 있다. 도시 텃밭은 이제 도시민들의 취미로 자리 잡았다.

남편도 어린 시절 기억 때문인가, 농사에 관심이 많은 편이다. 초등학교 졸업하자마자 성남으로 이사 와 농사일을 접할 기회가 없었을 텐데도 신기할 정도로 농사에 대해 아는 게 많았다. 남편의 관심 때문인지 성남시는 텃밭을 만들어 시민들에게 분양해주고 있다. 자연히 주변에 텃밭을 일구는 사람이 많아지고, 우리 부부도 텃밭 농사에 참여할 기회를 얻게 되었다. 텃밭 농사를 지으면서 첫 작물로 고추를 키웠는데 정성을 다해 돌보았지만 농약을 전혀 치지 않아 벌레가 생기는 바람에 그해 농사를 쫄딱 망쳤던 경험이 있다. 고추가 병충해에 취약하다는 것은 실패를 경험하고 나서야 알게 되었다. 첫 농작물을 망쳐 허탈하고 속상했던 기억이 아직도 생생하게 머릿속에 남아 있다. 이후로는 농사짓는 수고로움을 알기에 아무리 고춧가루 값이

올라도 절대 비싸다는 말을 하지 않는다.

　남편은 시골에서 자라 농작물이 친근하지만 도시에서 자란 나는 집에 있는 화분조차 제대로 못 키운다. 식물이나 농작물을 키우는 데는 소질이 없지만 그것이 자라 꽃을 피우고 열매 맺는 것을 보면 참으로 신기하다는 생각이 든다. 봄에 고랑을 파고 씨를 뿌린 후 싹이 나 자라는 것을 보면서, 또 김을 매면서 이웃 텃밭 초보 농사꾼들과 만나는 주말을 몇 차례 보내고 나면 어느새 여기저기서 수확물이 나오기 시작한다. 돈을 벌거나 먹고살기 위해 하는 일이 아니어서 수확물이라고 해봐야 울퉁불퉁 못생기고 색깔도 거무튀튀한 게 영 볼품없지만 무농약, 유기농이라는 거창한 문구를 붙여 이웃과 나눈다. 벌레가 대부분 뜯어 먹어 사람이 먹을 게 있을까 싶은 배추에, 늘씬하기는커녕 표주박에 가까운 오이, 청양고추도 아니면서 너무 매운 고추… 하지만 맛이나 모양이 아니라 키운 정성과 주고받는 고마운 마음으로 먹는 것이다.

　그런데 가끔은 다 먹기 부담스러울 정도로 한꺼번에 많은 양의 수확물이 이웃 간에 오가는 경우가 있다. 수확 철이 일정하고 재배하기 쉬운 감자나 고구마, 오이 같은 것들이 그렇다. 귀하게 키운 건데 다 먹지 못해 시들거나 무르면 너무 안타깝고 죄짓는 것 같은 마음이 들었다. 남편은 내가 살림을 하는 데는 잔소리를 안 하지만 냉장고에 쌓여 있는 채소가 썩어가는 걸 보면 잔소리를 늘어놓는다. 농사를 지어본 경험이 있어서일까. 땀 흘려 농사지은 귀한 것들을 어찌 버리거나 썩힐 수 있겠는가. 이럴 때는 이웃과 나누거나 튀김, 장아찌, 피클 등으로 만들어 작물을 주신 분들에게 다시 돌려드리기도 한다. 그러면 그것을 주신 분도, 되돌려드리는 나도 기분이 갑절은 더 좋아진다.

　나누는 기쁨, 그것도 나누어 받은 것을 다시 나누어 갑절로 만들어내는 기쁨은 나눠본 사람만 안다. 훗날, 텃밭을 본격적으로 가꾸고 싶어 하는 남편과 진짜 농사를 짓게 된다면 매해 다른 채소를 가꾸어 사랑하는 사람들과 나누는 기쁨을 누리며 살고 싶다.

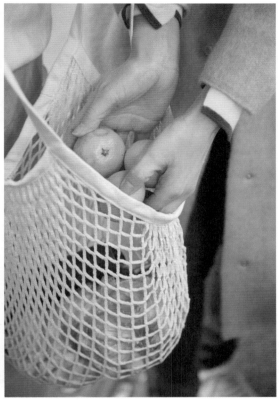

식재료를 그대로 나누는 것도 좋지만 저장 식품으로 만들어서 주면
정성이 담겨 있어 받는 사람이나 주는 사람 모두 마음이 따뜻해집니다.
직접 재배한 채소나 과일을 활용하면 더욱더 의미가 있겠지요.
텃밭에서 수확한 오이, 고추 등은 피클로 만들면 오래 먹을 수 있습니다.
귤, 유자 등은 청으로 만들면 차나 에이드로 먹을 수 있어 요긴합니다.
양이 넉넉한 토마토, 사과, 딸기, 키위 등의 과일은
잼으로 만들어 되돌려드리기도 합니다.

오
이
고
추
피
클

재료 오이 3개, 청양고추 2개, 양파 ½개, 굵은소금 1큰술
국물 월계수 잎 1장, 물 2½컵, 식초 1컵, 설탕 1컵, 피클링 스파이스 1큰술, 소금 ⅓작은술

만드는 법

1. 오이는 소금으로 돌기 부분을 문질러 씻은 뒤 1cm 두께로 썬다.
2. 청양고추는 어슷하게 썰고 양파는 3등분한다.
3. 소독한 병에 오이, 청양고추, 양파를 꼭꼭 눌러 담는다.
4. 냄비에 국물 재료를 넣고 팔팔 끓인 뒤 3의 병에 바로 붓는다.
5. 한 김 식히고 뚜껑을 닫아 냉장 보관한다. 이틀 후부터 먹으면 된다.

tip. 피클을 담을 유리병은 미리 열탕 소독을 해두는 것이 좋다. 뚜껑에서 2cm 내려오는 지점까지만 국물을 부어야 한다. 병을 위아래로 뒤집어가며 숙성시켜야 골고루 절여진다.

07

엄마의 냄새, 엄마의 손맛

*   아마 1980년대 중후반쯤일 것이다. 햄버거, 피자, 치킨 같은 음식들을 먹을 수 있게 된 것은 내가 대학 다닐 무렵으로 기억한다. 당시엔 외식 문화가 지금처럼 발달하지 않았고, 먹을거리 또한 다양하지 않았다. 그런 시절의 나에게 로망과도 같았던 특별한 음식은 바로 탕수육이었다. 가족 중 누군가의 생일날이 돌아오면 아침부터 부엌에서 퍼져 나오는 고소한 튀김 냄새와 지글거리는 소리, 그리고 앞치마를 두르고 바쁘게 오가는 엄마 모습이 지금도 손에 닿을 듯 선명하다.

엄마가 탕수육을 튀길 때면 나는 뭔가에 홀린 듯 부엌으로 이끌려 들어갔다. 소스가 채 완성되기도 전에 바삭한 고기튀김을 슬쩍슬쩍 집어 먹다가 기름으로 번들거리는 입가를 소매로 쓱 닦아내며 엄마와 흐뭇한 미소를 주고받았다.

요즘에야 '부먹'이냐 '찍먹'이냐 하는 취향 논쟁이 있지만 당시에는 탕수육이라면 으레 소스를 부어 먹었다. 하지만 나는 소스를 붓기도 전에 튀김부터 먹어치웠으니 '선先먹'이었다고나 할까. 3남매에 불과했지만 먹성 좋은 두 남동생과 탕수육을 두고 쟁탈전을 벌이기도 했다. 남편도 나도 음식을 빨리 먹는 편이다. 남편은 가난

하게 살아서 허겁지겁 먹는 게 습관이 되었다는데, 가난하지도 않은 내가 빨리 먹게 된 이유는 남동생들과 경쟁하느라 생긴 '일단 먹고 보자'는 습관 때문인 듯싶다.

요즘도 식당에 가거나 시장을 지나다 튀김 기름 냄새를 맡으면 어린 시절 탕수육을 만들던 엄마의 부엌 냄새가 떠오른다. 튀김집을 보면 앞치마를 두르고 사랑 가득한 표정으로 "얘, 소스에 찍어 먹으면 더 맛있어" 하며 꼬맹이 소녀를 달래던 엄마의 모습이 생각나 배고프지 않아도 괜히 한 번씩 기웃거리게 된다. 어느덧 세월이 흘러 엄마가 만들어주시던 탕수육에는 '옛날 탕수육'이라는 이름이 붙었다. 그런데 아무리 유명하다는 중식당에서 아무리 훌륭하다는 탕수육을 먹어봐도 어릴 적 엄마가 만들어주신 것보다 더 맛있는 탕수육을 찾지 못했다. 아마 영원히 발견하지 못할지도 모른다. 음식에는 추억의 맛이 들어 있는 데다 나 역시 더 이상 그 시절의 내가 아니니까. 참으로 촌스러웠지만 사랑할 수밖에 없는 엄마의 옛날 탕수육이 먹고 싶다.

엄마를 생각할 때 기억나는 또 다른 음식은 수수부꾸미다. 어릴 적 나는 학교 다니는 것만으로도 체력 소모가 심한데 매일같이 피아노 연습을 하느라 딴에는 무척 힘들었다. 피아노 연습을 하다 기운이 빠지면 방에서 쪼르르 빠져나와 아무 이유 없이 냉장고 문을 열었다 닫았다 했다. 그 모습을 지켜보던 엄마가 "혜경이 배고프니?"라고 물으시면 기다렸다는 듯 온몸으로 긍정의 신호를 보내곤 했다. 그러면 엄마는 "들어가서 연습하고 있어~"라고 하셨다. '연습해!'가 아니라 리듬이 들어간 '연습하고 있어~'라는 말에는 그동안 엄마가 간식을 준비하겠다는 뜻이 담겨 있었다. 엄마의 간식을 기다리면서 피아노 연습을 할 때는 엉덩이와 손은 피아노 앞에 있지만 코와 귀는 이미 부엌을 향해 있었다.

"다 됐다~"라는 엄마의 목소리에 연습을 멈추면 고소하고 달콤한 수수부꾸미가 눈앞에 놓여 있었다. 만드는 데 손이 많이 가는 수수부꾸미는 글자 그대로 '엄마 손맛'으로 먹는 간식이었다. 엄마는 내 손에 기름이 묻을까 봐 당신 손으로 집어 입 안에 넣어주셨다. 엄마의 손길과 사랑이 가득 담긴 그 쫀득쫀득한 것을 한입 가득 물고 나는 신나게 건반을 두드렸다. 엄마 손맛이 담긴 부꾸미의 고소함과 달콤함에 오후의 지루함은 저만치 밀려갔다. 건반 위 손가락은 베토벤의 〈열정〉을 꼬마 아가씨가 가진 가장 큰 열정으로 두드리게 했다.

그때는 그저 냉동실에서 무언가를 꺼내 조물조물 뚝딱하면 만들어지는구나 하고 쉽게 생각했던 수수부꾸미. 그런데 내가 막상 엄마가 되어 아이들에게 먹이려고 해보니 팥소도 미리 만들어 냉동 보관해놔야 하고 수수가루도 조심조심 익반죽해야 하는 손이 많이 가는 음식이었다. 그 시절 첫째인 내가 고작 열 살쯤이었으니 엄마도 주부 경력 10년 차에 불과했을 터. 우리 큰아들이 벌써 스물일곱이 됐고 나도 음식이라면 할 만큼 해봤지만 도저히 엄마의 맛을 되살려낼 수 없다. 대체 엄마의 손맛은 언제쯤 따라잡을 수 있는 걸까? 아니면 영원히 못 따라잡는 걸까? 더 나이 들기 전에 엄마에게 좀 더 잘해야겠다.

수수부꾸미와 탕수육은 집에서 만들기 어려울 거라는
선입견을 갖게 되는 메뉴입니다.
처음엔 지지고 튀기는 과정이 번거롭게 느껴지지만 감탄하며
먹는 가족들을 보고 있노라면 왠지 보상받는 기분이 들지요.
가끔 축하할 일이 있을 때나 마음이 허전할 때 준비해보면
어떨까요? 따끈한 음식만큼이나 기분 좋은 시간이 될 거예요.

수
수
부
꾸
미

재료 수수가루 200g, 찹쌀가루 150g, 뜨거운 물 1컵, 식용유 적당량, 소금 약간

팥소 팥 불린 것 1컵, 설탕 ½컵, 소금 ½큰술

만드는 법

1. 수수가루와 찹쌀가루, 소금을 섞어 뜨거운 물로 익반죽한다.

2. 팥은 삶아 찧은 뒤 설탕, 소금과 섞어 소를 만든다.

3. 수수 반죽을 한 입 크기로 떼어 둥글게 빚는다.

4. 달군 팬에 식용유를 두르고 반죽을 올린 뒤 주걱으로 눌러 지진다.

5. 반죽 위에 팥소를 올리고 반으로 접어 양 끝을 붙인 뒤 앞뒤로 노릇하게 굽는다.

옛날 탕수육

재료 돼지고기(안심) 200g, 감자 전분 100g, 목이버섯 30g, 오이 1개, 사과·양파 ½개씩, 파인애플 링 1조각,
식용유 1큰술, 튀김용 기름 적당량
고기 밑간 생강술 1큰술, 마늘 다진 것 1작은술, 소금 약간
소스 물 1컵, 설탕 6큰술, 녹말물 5큰술, 식초·간장 4큰술씩, 굴소스 ½큰술, 생강즙 1작은술, 소금 ½작은술

만드는 법

1. 물과 전분을 1:1 비율로 섞어 하룻밤 두었다가 물은 따라내고 앙금만 남긴다.

2. 돼지고기는 1cm 두께로 썰어 칼집을 내고 한 입 크기로 자른다.

3. 2에 밑간 재료를 넣고 버무린 뒤 냉장고에 넣어 재운다.

4. 전분에 식용유 1큰술을 섞어 반죽한 뒤 고기에 입힌다.

5. 반죽 입힌 고기를 160~170℃의 기름에 넣고 3~4분간 튀긴다.

6. 목이버섯, 오이, 사과, 양파, 파인애플은 적당한 크기로 썬다.

7. 소스 팬에 녹말물을 제외한 소스 재료를 모두 넣고 불에 올려 끓이다가 손질한 채소를 넣고 살짝 익을 때까지 끓인다. 마지막으로 녹말물을 풀어 농도를 조절한다.

8. 5의 고기를 기름에 넣고 한 번 더 튀긴다. 접시에 고기를 담고 취향에 따라 소스를 붓거나 따로 낸다.

남편의 레시피

살면서 온갖 경험을 다 해온 나지만 설마 요리책에 글을 쓰게 될 줄은 정말 몰랐다. 나는 아내에게 늘 빚진 것 같은 미안한 마음을 품고 산다. 선도 보지 않은 채 결혼식장에서 처음 얼굴을 보고 부부가 된 내 부모님은 누가 경상도 출신 아니랄까 봐 어린 내가 보기에도 딱할 만큼 서로에게 애정 표현을 하지 않으셨다. 사랑하지 않고 아끼지 않은 것은 아니었겠지만 사랑을 말로도 표정으로도 잘 표현하지 않는 부모님을 보면서, 또 변호사 업무로 수많은 부부들이 이별의 아픔을 겪는 걸 보면서 더 많이 사랑하고 더 많이 표현하며 사랑을 키워가야겠다고 마음먹었다. 칭찬이 고래도 춤추게 하듯 사랑도 표현하고 노력해야 지켜지고 커진다는 것을 살아가면서 절실히 느끼게 됐다.

그러다가 금슬 좋고 재미있는 부부로 소문이 나 방송까지 타는 '사변'을 겪기도 했지만, 항상 아내에게 미안한 것이 아내가 나보다 더 많은 일을 하면서도 아내만의 공인된 일이 없다는 것 때문이었다. 집안 살림에 거친 사내아이 둘을 낳아 기르면서 시민운동에 정치까지 하는 남편을 내조하느라 슈퍼우먼처럼 애쓰며 인생의 절반을 보냈지만 아내의 위치는 언제나 뒷전이었다. 신혼 시절 장난 삼아 만난 설악산 오색약수 고양이 할매의 "아내도 일을 해야 한다. 안 되면 사채놀이라도 해야 한다"는 점괘에 공감을 표하던 아내 얼굴이 잊히지 않는다. 아이를 키우고 가르치며 남편을 돕고 집안을 건사하는 일이 의미 없다거나 중요하지 않다는 건 아니지만, 내 아내도 대명천지에 "나 이런 사람이오" 하고 얼굴 내밀 수 있으면 좋겠다는 생각을 해왔다. 그러던 차에 아내가 요리책을 쓴다고 해서 내심 잘됐다 싶었다.

음식을 준비하는 아내들의 어려움을 표현하기 위해 집에서 한 끼밖에 안 먹는 남편을 '일식님', 두 끼를 먹으면 '두식이', 세 끼를 먹으면 '삼식이

세끼'라고 한단다. 사실을 말하면 나는 '삼식이 세끼'를 지향하는 '일식님'에
가깝다. 나는 아내의 요리를 좋아하고 집에서 아내 얼굴 마주 보며 밥 먹을
때가 제일 행복하다. 부부 싸움을 해도 아내의 밥은 꼭 먹어야 한다. 아내
와 식탁에 마주 앉아 집밥 먹는 것이 행복인, 험하게 말하면 집밥에 집착하
는 남편이다.

그건 아내도 마찬가지여서 부부 싸움으로 냉전을 벌이는 중에도 삼식
이의 밥은 꼭 챙겨준다. 물론 밥상 차리는 소리가 좀 요란하고 뚜껑 닫힌
반찬통이 그대로 올라올 때도 있지만. 아내는 무얼 하든 열심이다. 밥상을
차릴 때도 요리를 배울 때도 아이들 가르칠 때도 최선을 다한다. 선거운동
도 내가 말릴 정도로 나보다 더 열심히 했다.

이 책도 참 열심히 만들었다. 적당히 하는 걸 나도 못 견디는 편이지만,
아내는 이번에 책을 만드는 데도 열성을 다했다. 그 모습을 지켜보며 안타
까워하면서도 도와줄 방법이 없었다. 전문 요리사도 아닌 아내의 요리책
이 독자들에게 어떤 도움이 될지는 알 수 없다. 하지만 나와 가족에게 행복
을 만들어주기 위한 아내의 노력과 정성이 담겨 있는 건 분명하다.

나는 경상북도 안동의 깊은 산골 마을에서 찢어지게 가난한 화전민의
자식으로 태어났다. 언제나 먹을거리가 부족했다. 7남매나 되는 자식들의
주린 배를 채우느라 어머니는 밤이고 낮이고, 내 일이고 남의 일이고 가리
지 않으셨다. 어머니가 주무시는 것을 본 기억이 없다. 항상 나보다 먼저
일어나시고 늦게 주무셨기 때문이다. 내게는 유난히 먹는 것에 대한 기억
이 많다. 학교에 가려면 6km, 즉 시오 리나 되는 산길을 걸어야 했다. 벤또
라 불리던 보리밥 도시락을 메고 가는 등굣길은 무겁고 힘들었고, 하굣길

은 금방 꺼지는 보리밥 때문에 늘 배고팠다. 학교에서 돌아오는 길에 펼쳐진 개울과 들판, 산은 내 채집 수렵 활동의 장이었다. 뭐든 먹을 수 있는 것과 먹을 수 없는 것으로 구분되었다. 찔레, 참꽃(진달래), 채 익지도 않은 개복숭아, 도라지, 더덕, 산밤, 머루, 다래, 이름도 모르는 온갖 열매들… 먹을 수 있는 것들은 뭐든 따고 캐고 뜯어 먹었다. 누구 말대로 배 속에 거지가 들어앉았는지 아무리 먹어도 배가 고팠다.

이런 판이었으니 먹는 것이라면 가리지 않았을 듯싶은데 너무 많이 먹어 질린 음식도 있다. 나는 지금도 삶은 감자를 먹지 않는다. 수제비, 칼국수 같은 밀가루 음식도 즐기지 않는다. 그런데 희한하게도 같은 밀가루로 만들었지만 기계국수는 예외다. 나는 삶아서 찬물에 헹군 얇은 국숫발을 간장이나 다른 양념 없이도 잘 먹는다. 국수 자체의 맛을 느끼기 위해 낙지볶음에 함께 나오는 국수를 양념에 버무리기 전에 먼저 따로 먹는다. 끓어넘치는 거품과 함께 뜨거운 김을 토해내는 커다란 무쇠솥에서 갓 건져내 찬 우물물에 헹구고 식힌 다음 대나무 소반에 올린 국수. 어머니 옆에서 엄지와 검지를 둥근 집게로 만들어 소반의 면발을 몇 가락씩 집어 먹는 그 맛은 둘이 먹다 하나가 죽어도 모를 정도였다. 고명이라고는 화전에서 키운 푸른 얼갈이 어린 배추를 포기째 삶아 건진 게 전부였다. 그 단순한 배추고명의 담백한 맛은 지금 이 순간에도 입가에 남아 있다.

결혼 후 나는 가끔 국수를 직접 삶아 먹었다. 펄펄 끓는 물에 국수를 엉키지 않게 집어넣었다가 찬물에 식히는 것은 어머니가 하시던 것을 그대로 배웠다. 재명표 국수는 그다음부터 완전히 다르다. 달걀지단은 고사하고 삶은 어린 배추 외에는 고명도 없이 짜기만 한 간장으로 간을 맞추던 그 시절 국수에 원수라도 갚듯이 오늘의 재명표 국수는 아예 간장도 없이 고명으로만 간을 맞춘다. 오이채, 소금에 절여 기름에 볶은 호박, 당근, 잘게 썬 김치 그리고 볶은 쇠고기가 기본이다. 처음에는 맹물에 헹구기만 한 국수였다가 멸치다시마국물로 조금씩 발전했다. 앞으로 재명표 국수가 또 어떻게 발전하고 변할지는 나도 모른다. 다만 투박한 내 손으로 만든 나름의 요리로 잠깐이나마 아내의 입가에 미소를 만들어낼 수 있다면 그걸로 충분히 만족한다.

경북 지방에서는 명절상이나 제사상에 배추전을 올린다. 절이지 않은 생배추에 밀가루 반죽을 입혀 솥뚜껑에 부치는 배추전은 생각만 해도 침이 넘어간다. 우리 집도 온 가족이 모이는 명절과 제사에는 반드시 배추전을 부쳤다. 가족들이 많아 부치는 족족 이 손 저 손 집어 먹다 보면 아무리 부쳐도 소쿠리에 배추전이 쌓이지를 않았다. 너도나도 질세라 부쳐 나오는 배추전을 경쟁적으로 먹다 보면 배가 불러오는 것도 모를 지경이다. 자연히 전을 부치는 어머니나 형수님들, 아내의 불만과 비명이 터져나온다. 어느 날인가부터 배추전 부치기는 나를 포함한 집안 남자들의 몫으로 조금씩 바뀌고 있다. 배추전은 잎보다는 줄기 쪽이 더 맛있고, 밀가루나 부침가루가 너무 많이 붙으면 맛이 덜하다. 또 배추전은 부치면서 먹어야 제맛이고 식은 배추전을 한 번 더 프라이팬에 데워 먹으면 그 맛이 또 남다르다.

배추전은 우리에겐 가족의 화목을 상징하는 음식이다. 온 가족이 와글와글 모여 웃고 떠드는 명절이나 제삿날 풍경의 중심이고, 가족들 간에 정성과 맛을 나누는 촉매이기도 하다. 이제 배추전을 함께할 아버지도 떠나셨고, 두 남매도 딴 세상으로 갔다. 남은 식구들이라도 자주 모여 가끔 배추전이나 부쳐 먹으면 좋겠다.

가끔 아내와 아이들을 위해 만들어주던 국수와 배추전 레시피를 공개한다. 서툴기는 하지만 가장 자신 있게 만들 수 있는 재명표 메뉴다.

국
수

재료 중면 300g, 김치 100g, 쇠고기(우둔살) 다진 것 70g, 오이 · 당근 · 애호박 50g씩, 달걀 1개, 식용유 적당량,
(2인분) 소금 · 깨소금 약간씩
    국물 멸치(국물용) 20마리, 표고버섯 밑동 10개, 다시마 2장, 물 7컵, 소금 2작은술
    <u>고기 밑간</u> 마늘 다진 것 1작은술, 참기름 · 소금 ½작은술씩, 후춧가루 약간

만드는 법

1. 소금을 제외한 국물 재료를 냄비에 넣고 약 40분간 끓인 뒤 소금을 넣어 간한다.

2. 오이, 당근은 채 썰고 김치는 송송 썰고 물기를 짠다. 애호박은 채 썰어 소금에 5분간 절인다.

3. 쇠고기는 밑간 재료를 넣고 버무려 30분간 재운다.

4. 달걀은 볼에 소금을 약간 넣고 풀어 팬에 부친 뒤 채 썬다.

5. 끓는 물에 중면을 넣고 삶는다. 물이 끓어오르면 찬물을 1컵 부어주고 다시 끓어오르면 불을 끈다.

6. 삶은 국수를 건져 흐르는 물에 헹군 뒤 채반에 밭쳐 물기를 뺀다.

7. 2의 애호박을 물에 살짝 헹궈 물기를 짠 뒤 달군 팬에 식용유를 두르고 소금을 뿌려 볶는다. 당근, 밑간해둔 고기도 각각 소금 간해 볶는다.

8. 그릇에 면을 담고 고명을 올린 뒤 국물을 붓고 깨소금을 뿌린다.

| **tip.** 싱거울 때는 간을 추가하는 대신 간이 밴 고명을 풍성하게 올려 먹으면 더 맛있다.

배추전

재료 배추 잎 10장, 부침가루·물 1컵씩, 식용유 적당량
(2인분) **양념장** 간장 2큰술, 마늘 다진 것·파 다진 것 ½작은술씩, 깨소금·참기름 약간씩

만드는 법

1. 배추는 씻어 물기를 제거하고 칼등으로 두꺼운 줄기 부분을 두드린다.
2. 볼에 부침가루와 물을 넣고 섞어 반죽을 만든다. 배추에 앞뒤로 반죽을 얇게 묻힌다.
3. 달군 팬에 식용유를 두르고 2의 배추를 올려 노릇하게 앞뒤로 지진다.
4. 양념장 재료를 섞어 배추전에 곁들인다.

1. 남편과의 결혼식 폐백.
2. 스물일곱 젊은 날, 첫아이 백일 때.
3. 푸짐하게 차린 큰아이의 돌잔치상.

4. 피아노과 3학년, 클래식 음악을 사랑하던 시절.

5. 깡보리밥집에서. 남편의 한식 사랑에 외식도 한식집 위주였다.

6. 남편이 좋아하는 진달래. 먹을 수 있는 꽃이라 좋단다.

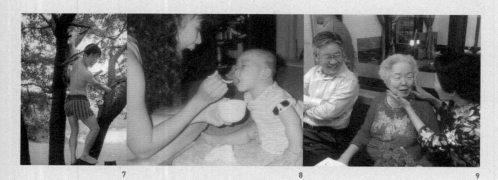

7. 나무 타기 실력을 뽐내는 산골 출신 남편.

8. "아~" 첫아이에게 이유식을 먹이던 모습.

9. 5년 전 어버이날. "어머님은 뭘 드셔서 피부가 이렇게 좋으세요?" 여쭈니
   "얘야, 그건 타고나는 거란다" 하신다.

10. 1991년 성남 은행동 신혼집 주방에서 앞치마를 두르고.

11. 어머님, 동생들과 아침밥 먹는 어린 시절의 남편. 지하방을 벗어나 처음 1층집으로
    이사한 기념으로 찍어두었다 한다.

12. 초등학교 시절 가족 여행. 음식 쟁탈전을 치르곤 했던 두 남동생과 그리운 부모님.

13

13. 집 앞 탄천에서 아이들과의 낚시. 낚시를 하며
    양미리와 고구마를 구워 먹곤 했다.
14. 빨간 옷 입은 소년이 바로 열일곱 살의 남편.
    오리엔트 공장 막내로 동료 형들과 야유회를 갔는데,
    이날 먹은 두루치기가 난생 처음 먹어본 덩어리
    고기라 한다.

14

15. 로망이던 오븐이 생기고 나서 아이들과 쿠키를 굽는 행복한 시간.

16. "짜장면 시키신 분!" 주말이면 자전거 타러 나가 짜장면을 시켜 먹곤
했던 세 부자. 나에겐 육아와 가사에서 해방되는 날.

17. 내 생일이면 케이크와 꽃을 선물하는 남편.
    한 해도 잊은 적이 없다.
18. 온 가족과 양평으로 캠핑 갔던 날. 물고기를
    잡아 매운탕과 어죽을 끓여 먹었다.
19. 첫째와 같은 대학교에 들어간 둘째 아들의
    입학식. 집을 떠나 있는 아들들이 그립다.

사진	양우성(바오밥 스튜디오)
진행	김은진
푸드 스타일링	김유림(맘스웨이팅)
교정·교열	고은영
그릇과 소품	김성훈 도자기 www.kimsunghunshop.com
	마미스팟 www.mommys-pot.com
	에프이 storefarm.naver.com/fe_
	열매달 www.yeolmaedal.co.kr
	이레 www.irehfabric.com
헤어·메이크업	엔꿀로에(02-517-9111)
	희린(헤어), 조원경(메이크업)